普通高等教育"十三五"规划教材——计算机专业群

本教材由湖南人文科技学院资助出版

单片机原理及应用项目化教程
（C 语言版）

主　编　谢四连　王善伟　李石林

副主编　方智文　胡文明

U0387203

中国水利水电出版社
www.waterpub.com.cn

内 容 提 要

本书以十一个项目的形式分别介绍了 51 单片机的基础知识、常用软件 Keil C 与 Proteus 的使用、单片机的输入/输出功能、数码管基础与矩阵键盘扫描、定时器与数码管动态显示、外部中断与串行通信、LCD1602 显示原理及实现、I²C 总线与 EEPROM、温度传感器 DS18B20 与蜂鸣器、A/D 与 D/A 转换、实时时钟 DS1302、红外与步进电机。

本书中的项目以由浅入深的形式对单片机的各个部分进行了介绍，每个部分都以具体的实例对内容进行巩固，几乎所有实例都配有电路图和具体分析，程序代码的编写规范已经过实际验证，部分章节后留有思考题，可以供同学们后续自学。

本书内容难易适中，编排合理，可作为各类工科院校自动化、电子信息工程、电子信息科学与技术、计算机、机电一体化等专业的单片机课程教材，也可作为从事电子技术、计算机应用与开发的工程技术人员的学习和参考用书，还可作为单片机自学者的入门用书。

本书配有电子教案，读者可以到中国水利水电出版社网站和万水书苑上免费下载，网址为 http://www.waterpub.com.cn/softdown/和 http://www.wsbookshow.com。

图书在版编目（CIP）数据

单片机原理及应用项目化教程：C语言版 / 谢四连，
王善伟，李石林主编. -- 北京：中国水利水电出版社，
2016.8（2017.8 重印）
　普通高等教育"十三五"规划教材. 计算机专业群
　ISBN 978-7-5170-4504-5

　Ⅰ. ①单… Ⅱ. ①谢… ②王… ③李… Ⅲ. ①单片微
型计算机－C语言－程序设计－高等学校－教材 Ⅳ.
①TP368.1②TP312

中国版本图书馆CIP数据核字(2016)第149289号

策划编辑：周益丹　　责任编辑：李 炎　　加工编辑：封 裕　　封面设计：李 佳

书　名	普通高等教育"十三五"规划教材——计算机专业群 **单片机原理及应用项目化教程（C 语言版）**	
作　者	主 编　谢四连　王善伟　李石林 副主编　方智文　胡文明	
出版发行	中国水利水电出版社 （北京市海淀区玉渊潭南路 1 号 D 座　100038） 网址：www.waterpub.com.cn E-mail: mchannel@263.net（万水） 　　　　sales@waterpub.com.cn 电话：(010) 68367658（营销中心）、82562819（万水）	
经　售	全国各地新华书店和相关出版物销售网点	
排　版	北京万水电子信息有限公司	
印　刷	北京瑞斯通印务发展有限公司	
规　格	184mm×260mm　16 开本　14.75 印张　364 千字	
版　次	2016 年 8 月第 1 版　2017 年 8 月第 2 次印刷	
印　数	3001—5000 册	
定　价	30.00 元	

前　　言

单片机作为微型计算机的一个重要分支，被广泛应用于工业过程的自动检测与控制等领域。目前，单片机作为嵌入式系统的入门课程在各工科院校中被广泛开设，长期以来，该课程存在原理难以理解、设计能力难以提高等问题。本书结合作者多年的教学成果，采用新思路、新方法编写而成，更加适合单片机初学者学习。

本书的主要特点：

1. 采用项目教学法，使学生在"做中学，学中做"

本书以十一个项目的形式分别介绍了 51 单片机的基础知识、常用软件 Keil C 与 Proteus 的使用、单片机的输入/输出功能、数码管基础与矩阵键盘扫描、定时器与数码管动态显示、外部中断与串行通信、LCD1602 显示原理及实现、I²C 总线与 EEPROM、温度传感器 DS18B20 与蜂鸣器、A/D 与 D/A 转换、实时时钟 DS1302。项目中涵盖了 51 系列单片机的重要知识点，各项目的编排采用了由浅入深、由易到难的顺序。

2. 采用 C 语言教学，突出单片机 C 程序的软件架构设计

本书中的所有实例都采用 C 语言编写，突出单片机 C 语言程序的软件架构设计思想。另外 C 语言具有运算速度快、编译效率高的特点，有良好的可移植性，而且可以直接实现对系统硬件进行控制，和单片机汇编语言相比，还具有不需要记指令，学生容易掌握与理解等优点。

3. 针对当今技术需求，讲解热点知识

本书突出了对当今热点知识的讲解，把重点放在定时器、中断、串行通信、键盘、LCD 显示、温度采集、A/D 与 D/A 转换、实时时钟、红外、步进电机、I²C 总线、EEPROM 等知识的应用上，突出了实时性与实用性。

本书的项目一由谢四连、王善伟共同编写，项目二、三、四、五、六由王善伟编写，项目七、八、九、十、十一由李石林编写，谢四连负责全书的统编定稿与审阅工作，方智文、胡文明负责全书的校对工作。

本书中所有项目的实例都是基于金沙滩工作室的 KST-51 单片机开发板设计的，感谢金沙滩工作室宋雪松老师等对本书出版的支持和内容上的指导。

本书的所有作者都是多年从事单片机原理及应用教学的老师，本书更是作者们多年教学经验的积累和总结，但仍难免存在错误和不足，恳请广大读者指正和谅解，您的指正是我们的期待，我们的联系方式：1635@huhst.edu.cn。

最后，再次感谢所有帮助和关心我们的朋友，谢谢你们使用本书，并祝你们早日成功。

作　者
2016 年 5 月

目　　录

项目一　单片机介绍

项目描述：单片机本身是一个裸机，不能执行任何操作，要使单片机正常工作必须辅以一定的外围硬件电路，并对其编程，将系统程序固化在芯片内。本项目主要介绍单片机的概念、能使单片机正常工作的最基本的硬件电路（即最小系统组成）、单片机的软件开发环境 Keil 及其使用步骤、单片机仿真软件 Proteus 及其使用方法。

1.1　任务一：认识单片机

目前，单片机已渗透到我们生活的各个领域，几乎很难找到哪个领域没有单片机的踪迹。导弹的导航装置，飞机上各种仪表的控制，计算机的网络通信与数据传输，工业自动化过程的实时控制和数据处理，广泛使用的各种智能 IC 卡，民用豪华轿车的安全保障系统，影碟机、摄像机、全自动洗衣机的控制，以及程控玩具、电子宠物等，这些都离不开单片机。更不用说自动控制领域的机器人、智能仪表、医疗器械了。因此，认识单片机、学习单片机、掌握单片机的开发与应用是电子信息工程、自动控制等专业领域工程技术人员必备的知识。本项目将对单片机进行一个整体的介绍。

1.1.1　单片机的基本概念

单片微型计算机（Single-Chip Microcomputer），简称"单片机"，是将微处理器（CPU）、存储器（存放程序的 ROM 和存放数据的 RAM）、总线、定时器/计数器、输入/输出接口（I/O口）和其他多种功能器件集成在一块芯片上的微型计算机。由于单片机的重要应用领域为智能化电子产品，一般需要将其嵌入仪器设备内，故单片机又称为嵌入式微控制器（Embedded Microcontroller）。单片机特别适合于控制领域，故又称为微控制器 MCU（Micro Control Unit）。中文"单片机"的称呼是由英文名称"Single-Chip Microcomputer"直接翻译而来的。单片机只要和适当的软件及外部设备相结合，便可成为一个单片机控制系统。

单片机的主要特点如下：

（1）高集成度，体积小，高可靠性

单片机将各功能部件集成在一块晶体芯片上，集成度很高，体积自然也是最小的。芯片本身是按工业测控环境要求设计的，内部布线很短，其抗工业噪音性能优于一般通用的 CPU。单片机程序指令、常数及表格等固化在 ROM 中不易破坏，许多信号通道均在一个芯片内，故可靠性高。

（2）控制功能强

为了满足对对象的控制要求，单片机的指令系统据有极丰富的条件分支转移能力，I/O 口的逻辑操作及位处理能力，非常适用于专门的控制功能。

（3）低电压，低功耗，便于生产便携式产品

单片机广泛使用于便携式系统，许多单片机内的工作电压仅为 1.8V～3.6V，而工作电流仅

为数百微安。

（4）易扩展

片内具有计算机正常运行所必需的部件。芯片外部有许多供扩展用的三总线及并行、串行输入/输出管脚，很容易构成各种规模的计算机应用系统。

（5）优异的性能价格比

单片机的性能极高。为了提高速度和运行效率，单片机已开始使用 RISC 流水线和 DSP 等技术。单片机的寻址能力也已突破 64KB 的限制，有的已可达到 1MB 和 16MB，片内的 ROM 容量可达 62MB，RAM 容量则可达 2MB。由于单片机的广泛使用，因而销量极大，各大公司的商业竞争更使其价格十分低廉，其性价比极高。

1.1.2　单片机的应用领域

单片机广泛应用于仪器仪表、家用电器、医用设备、航空航天、专用设备的智能化管理及过程控制等领域，大致可分为以下几个范畴。

1. 工业控制与检测

单片机具有体积小、控制功能强、功耗低、环境适应能力强、扩展灵活和使用方便等优点，可以构成形式多样的控制系统、数据采集系统、通信系统、信号检测系统、无线感知系统、测控系统、机器人等应用控制系统。例如工厂流水线的智能化管理、电梯智能化控制、各种报警系统、与计算机联网构成的二级控制系统等。

2. 智能仪器仪表

目前对仪器仪表的自动化和智能化要求越来越高。单片机被广泛应用于仪器仪表中，结合不同类型的传感器，可实现诸如电压、电流、功率、频率、湿度、温度、流量、速度、厚度、角度、长度、硬度、元素、压力等物理量的测量。采用单片机控制可使得仪器仪表数字化、智能化、微型化，且功能比起采用电子或数字电路更加强大，例如精密的测量设备（电压表、功率计、示波器、各种分析仪）。

3. 消费类电子产品

家用电器广泛采用了单片机控制，从电饭煲、洗衣机、电冰箱、空调、彩电、其他音响视频器材，再到电子称量设备和白色家电等。这些设备中嵌入了单片机后，其功能与性能大大提高，并实现了智能化、最优化控制。

4. 网络和通信

现代的单片机普遍具备通信接口，可以很方便地与计算机进行数据通信，为计算机网络和通信设备间的应用提供了极好的物质条件。从调制解调器、手机、电话机、小型程控交换机、楼宇自动通信呼叫系统、列车无线通信，再到日常工作中随处可见的移动电话、集群移动通信、无线电对讲机等通信设备，基本上都实现了单片机智能控制。

5. 设备领域

单片机在医用设备中的用途亦相当广泛，例如医用呼吸机、各种分析仪、监护仪、超声诊断设备及病床呼叫系统等。

6. 武器装备

在现代化的武器装备中，如飞机、军舰、坦克、导弹、鱼雷制导、智能武器装备、航天飞机导航系统等，都有单片机的嵌入。

7. 汽车电子

单片机在汽车电子中的应用非常广泛，例如汽车中的发动机控制器，基于 CAN 总线的汽车发动机智能电子控制器、GPS 导航系统、ABS 防抱死系统、制动系统、胎压检测等。

此外，单片机在工商、金融、科研、教育、电力、通信、物流和国防、航空航天等领域都有着十分广泛的用途。

1.1.3 单片机的种类

单片机种类繁多，一般常用的有以下几种：

（1）8051 单片机

最早由 Intel 公司推出的 8051/31 类单片机是世界上用量最大的几种单片机之一。由于 Intel 公司在嵌入式应用方面将重点放在了 186、386、奔腾等与 PC 类兼容的高档芯片的开发上，故将 80C51 内核使用权以专利互换或出让给世界许多著名 IC 制造厂商，如 Philips、NEC、Atmel、AMD、Dallas、Siemens、Fujutsu、OKI、华邦、LG 等。在保持与 80C51 单片机兼容的基础上，这些公司融入了自身的优势，扩展了针对不同测控对象要求的外围电路，如满足模拟量输入的 A/D、满足伺服驱动的 PWM、满足高速输入/输出控制的 HSL/HSO、满足串行扩展的总线 I^2C、保证程序可靠运行的 WDT、引入使用方便且价廉的 Flash ROM 等，开发出了上百种功能各异的新品种。这样 80C51 单片机就变成了众多芯片制造厂商支持的大家族，统称为 80C51 系列单片机。客观事实表明，80C51 已成为 8 位单片机的主流，成了事实上的标准 MCU 芯片。

（2）Motorola 单片机

Motorola 是世界上最大的单片机厂商，品种全、选择余地大、新产品多是其特点。在 8 位机方面有 68HC05 和升级产品 68HC08。68HC05 有 30 多个系列，200 多个品种，产量已超过 20 亿片。16 位机 68HC16 也有十多个品种。32 位单片机的 683XX 系列也有几十个品种。Motorola 单片机特点之一是在同样速度下所用的时钟频率较 Intel 类单片机低得多，因而使得高频噪声低、抗干扰能力强，更适合用于工业控制领域及恶劣的环境。

（3）Microchip 单片机

Microchip 单片机是市场份额增长最快的单片机。它的主要产品是 16C 系列 8 位单片机，CPU 采用 RISC 结构，仅 33 条指令，其高速度、低电压、低功耗、大电流 LCD 驱动能力和低价位 OTP 技术等都体现出单片机产业的发展新趋势。且 Microchip 单片机以低价位著称，一般单片机价格都在一美元以下。由美国 Microchip 公司推出的 PIC 单片机系列产品，已有三种系列多种型号问世，从电脑的外设、家电控制、电讯通信、智能仪器、汽车电子到金融电子的各个领域都得到了广泛的应用。Microchip 单片机没有掩膜产品，全都是 OTP 器件（近年已推出 Flash 型单片机）。Microchip 强调节约成本的最优化设计，生产使用量大、档次低、价格敏感的产品。

（4）Atmel 单片机

Atmel 公司的 90 系列单片机是增强 RISC 内载 Flash ROM 的单片机，通常简称为"AVR 单片机"，90 系列单片机是基于新的精简指令 RISC 结构的。这种结构是在 20 世纪 90 年代开发出来的综合了半导体集成技术和软件性能的新结构，这种结构使得 AVR 单片机在 8 位微处理器市场上具有最高 MIPS 能力。AVR 单片机在一个时钟周期内可执行复杂的指令，1MHz 可实现 1MIPS 的处理能力。AVR 单片机工作电压为 2.7～6.0V，可以实现耗电最优化。AVR 单片机广泛应用于计算机外部设备、工业实时控制、仪器仪表、通讯设备、家用电器、宇航设备等各个领域。

（5）NEC 单片机

NEC 单片机自成体系，8 位单片机 78KB 系列产量最高，也有 16 位、32 位单片机。16 位以上单片机采用内部倍频技术，以降低外时钟频率。有的单片机采用内置操作系统。NEC 的销售策略着重于服务大客户，并投入相当大的技术力量帮助大客户开发产品。

（6）东芝单片机

东芝有从 4 位到 64 位的单片机，门类齐全。4 位机在家电领域仍有较大的市场。8 位机主要有 870 系列、90 系列等，该类单片机允许使用慢模式，采用 32KB 时钟时功耗低至 10μA 数量级。CPU 内部多组寄存器的使用，使得中断响应与处理更加快捷。东芝的 32 位单片机采用 MIPS 3000A RISC 的 CPU 结构，面向 VCD、数码相机、图像处理等市场。

（7）富士通单片机

富士通有 8 位、16 位和 32 位单片机，其中 8 位单片机主要有 3V 产品和 5V 产品，3V 产品应用于消费类及便携设备，如空调、洗衣机、冰箱、电表、小家电等，5V 产品应用于工业及汽车电子。8 位单片机有 8L 和 8FX 两个系列，是市场上最常见的两个系列。16 位主流单片机有 MB90F387、MB90F462、MB90F548、MB90F428 等，这些单片机主要是采用 64 脚或 100 脚 QFP 封装，1 路或多路 CAN 总线，并可外扩总线，适用于电梯、汽车电子车身控制及工业控制等。32 位单片机采用 RISC 结构，主要产品有：MB91101A，它采用 100 脚 QFP 封装，超低成本，可外扩总线，适用于 POS 机、银行税控打印机等；MB91F362GA，它采用 208 脚 QFP 封装，使用 CAN 总线，可外扩总线，适用于电力及工业控制等；MB91F364GA，它采用 120 脚 LQFP 封装，使用 CAN 总线，具有 I^2C 等丰富通信接口，支持低成本的在线仿真技术（Accemic MDE），广泛适用于要求高性能低成本的各种应用。富士通公司注重于服务大公司、大客户，帮助大客户开发产品。

（8）LG 公司生产的 GMS90 系列单片机

LG 公司生产的 GMS90 系列单片机与 Intel MCS-51 系列 Atmel 89C51/52、89C2051 等单片机兼容，采用 CMOS 技术，具有高达 40MHz 的时钟频率，应用于：多功能电话、智能传感器、电度表、工业控制、防盗报警装置、各种计费器、各种 IC 卡装置、DVD、VCD、CD-ROM。

（9）凌阳 16 位单片机

台湾凌阳科技公司 2001 年推出的第一代单片机，具有高速度、低价、可靠、实用、体积小、功耗低和简单易学等特点。例如，SPCE061A 型单片机内嵌 32KB 闪存 Flash，处理速度高，尤其适用于数字语音播报和识别等应用领域，是数字语音识别与语音信号处理的理想产品，得到了广泛的应用。

凌阳 SPMC75 系列单片机是凌阳科技公司开发的具有自主知识产权的 16 位微控制器（单片机），SPMC75 系列单片机集成了能产生变频电机驱动的 PWM 发生器、多功能捕获比较模块、BLDC 电机驱动专用位置侦测接口、两相增量编码器接口等硬件模块，以及多功能 I/O 口、同步和异步串行口、ADC、定时计数器等功能模块，利用这些硬件模块支持，SPMC75 可以完成诸如家电用变频驱动器、标准工业变频驱动器、多环伺服驱动系统等复杂应用。

（10）Scenix 单片机

Scenix 公司推出的 8 位 RISC 结构 SX 系列单片机在技术上有其独到之处：SX 系列双时钟设置，指令运行速度可达 50/75/100MIPS（每秒执行百万条指令，XXX M Instruction Per

Second），具有虚拟外设功能，采用柔性化 I/O 端口，所有的 I/O 端口都可单独编程设定，公司提供各种 I/O 的库函数，用于实现各种 I/O 模块的功能，如多路 UART（可编程全双工串行通信接口，Universal Asynchronous Receiver/Transmitter）、多路 A/D、PWM、SPI、DTMF、FS、LCD 驱动等。采用 EEPROM/Flash ROM，可以实现在线系统编程。通过计算机 RS232C 接口，采用专用串行电缆即可对目标系统进行在线实时仿真。

（11）EPSON 单片机

EPSON 单片机以低电压、低功耗和内置 LCD 驱动器特点著名于世，尤其是 LCD 驱动部分做得很好，广泛用于工业控制、医疗设备、家用电器、仪器仪表、通信设备和手持式消费类产品等领域。EPSON 已推出 4 位单片机 SMC62 系列、SMC63 系列、SMC60 系列和 8 位单片机 SMC88 系列。

（12）华邦单片机

华邦公司的 W77 / W78 系列 8 位单片机的管脚和指令集与 8051 兼容，但每个指令周期只需要 4 个时钟周期，速度提高了三倍，工作频率最高可达 40MHz；该单片机同时增加了看门狗定时器（Watch Dog Timer）、6 组外部中断源、2 组 UART、2 组数据指示器（Data Pointer）及等待状态控制引脚（Wait State Control Pin）。W741 系列的 4 位单片机带液晶驱动，在线烧录，保密性高，具有低操作电压（1.2V～1.8V）。

单片机自 20 世纪 70 年代产生以来，在短短几十年的时间内得到了飞速的发展，随着工艺技术的不断发展，新的单片机将会不断出现。

1.1.4 单片机的选择

当今单片机琳琅满目，产品性能各异。如何选择好单片机是项目开发首要解决的问题。单片机的选择可依据以下几方面。

（1）单片机的基本参数及其内部资源：如程序存储器容量，I/O 引脚数量，AD 或 DA 通道数量及转换精度等。

（2）单片机的增强功能：例如看门狗、RTC、EEPROM、扩展 RAM、CAN 总线接口、I^2C 接口、SPI 接口等。

（3）Flash 和 OTP（一次性可编程）相比较，最好是 Flash。

（4）封装：一般来说贴片的比直插的体积小，抗干扰性强，但是价格要贵一些。

（5）工作温度范围：工业级还是商业级，如果设计户外产品，必须选用工业级。

（6）工作电压范围：例如电视机遥控器，使用两节干电池供电，至少应该能在 1.8～3.6V 电压范围内工作。

（7）功耗：能够满足设计要求的前提下功耗越低越好。

（8）性价比高。

（9）供货渠道畅通：尽量选用市场上容易购买到的单片机。

（10）有服务商：像 Microchip 公司主推 PIC 单片机，周立功公司主推 Philips 单片机，双龙公司主推 AVR 单片机，这些公司都提供了很多有用的技术资料，起码烧写器有地方买。

1.1.5 MCS-51 单片机识读

自从 Intel 公司 20 世纪 80 年代推出 MCS-51 系列单片机以后，世界上许多著名的半导体厂商（如 Atmel、Philips、Dallas、Motorola、Microchip、TI 等）相继生产了与这个系列兼容的单片机，使产品型号不断增加，品种不断丰富，功能不断增强。从系统结构上讲，所有的 MCS-51 系列单片机都是以 Intel 公司最早的典型产品 8051 为核心。

1. MCS-51 单片机内部结构

MCS-51 单片机由中央处理器（CPU）、程序存储器（ROM/EPROM）、数据存储器（RAM）、定时/计数器、I/O 接口、中断系统等组成。其内部结构如图 1.1 所示。

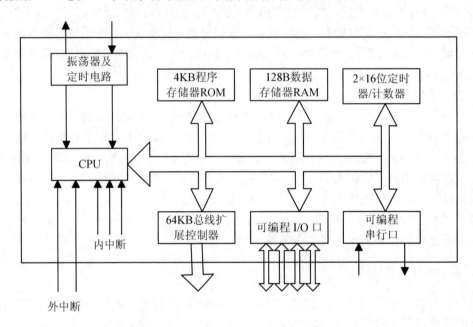

图 1.1 MCS-51 单片机内部结构框图

MCS-51 内部结构原理图如图 1.2 所示。

（1）中央处理单元（CPU）

中央处理单元是单片机的核心部件，包括运算器、控制器和寄存器，其功能是对数据进行算术逻辑运算，产生控制信号，负责数据的输入与输出。另外，51 系列单片机的 CPU 中还包含了一个专门处理一位二进制数的布尔处理器，用于进行位操作。

（2）片内程序存储器

8051 共有 4096 个 8 位掩膜 ROM，用以存放程序、原始数据和表格，但是也有些单片机内部本身不附带 ROM，如 8031、80C31。

（3）片内数据存储器

RAM 用以存放可以读写的数据，如运算中间结果、最终结果以及显示的数据等。8051 内部有 128 个 8 位数据存储单元和 128 个专用寄存器单元，它们是统一编址的，专用寄存器只能用于存放控制指令数据，用户只能访问，不能用于存放用户数据，所以用户能使用的数据存储单元只有 128 个。

（4）并行接口

51 系列单片机提供了 4 个 8 位并行接口（P0～P3），每个 I/O 口都可以用来输入，也可用来输出，实现数据的并行输入/输出。

（5）串行接口

51 单片机有一个全双工的串行接口，可以实现单片机之间或其他设备之间的串行通信。该串行口的功能较强，既可以作为全双工异步通信收发器使用，也可以作为同步移位器使用。51 系列单片机的串行口有 4 种工作方式，可以通过编程选定。

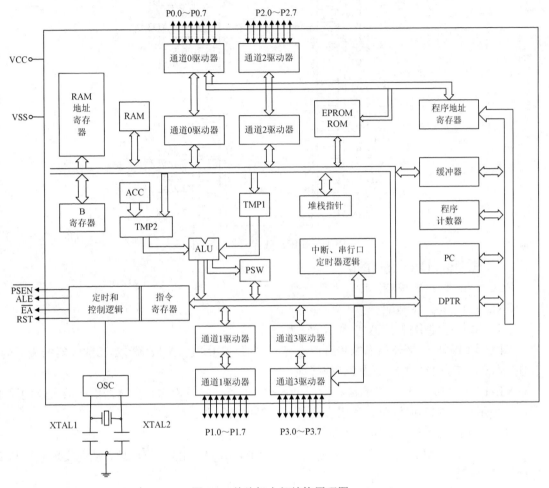

图 1.2　单片机内部结构原理图

（6）定时器/计数器

51 子系列单片机共有 2 个 16 位的定时器/计数器（52 子系列有 3 个），每个定时器/计数器既可以设置成计数方式，也可以设置为定时方式，并以其计数或定时结果对计算机进行控制。

（7）中断系统

51 系列单片机共有 5 个中断源（52 系列有 6 个），分为 2 个优先级，每个中断源的优先级都可以通过编程进行控制。

（8）时钟电路

51 单片机芯片内部有时钟电路，用以产生整个单片机运行的脉冲序列，但需要外接石英晶体和微调电容，允许的最高振荡频率为 12MHz。

2. 引脚功能说明

MCS-51 单片机引脚结构如图 1.3 所示。

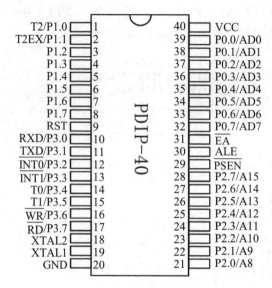

图 1.3　MCS-51 单片机引脚图

（1）电源引脚 VCC 和 GND

VCC（40 脚）：电源端，接+5V。

GND（20 脚）：接地端。

（2）时钟电路引脚 XTAL1 和 XTAL2

XTAL1（19 脚）：接外部晶振和微调电容的一端，在片内它是振荡器倒相放大器的输入端，若使用外部 TTL 时钟时，该引脚必须接地。

XTAL2（18 脚）：接外部晶振和微调电容的另一端，在片内它是振荡器倒相放大器的输出端，若使用外部 TTL 时钟时，该引脚为外部时钟的输入端。

（3）ALE（30 脚）：地址锁存允许

系统扩展时，ALE 用于控制地址锁存器锁存 P0 口输出的低 8 位地址，从而实现数据与低位地址的复用。

（4）$\overline{PSEN}$（29 脚）：是读外部程序存储器的选通信号，低电平有效。

（5）$\overline{EA}$ / VPP（31 脚）：片外程序存储器地址允许输入端。当为高电平时，CPU 执行片内程序存储器指令，但当 PC 中的值超过 0FFFH 时，CPU 将自动转向执行片外程序存储器指令。当为低电平时，CPU 只执行片外程序存储器指令。

（6）RST（9 脚）：复位信号输入端。该信号在高电平时有效，在输入端保持两个机器周期的高电平后，就可以完成复位操作。

（7）四个输入/输出端口 P0、P1、P2 和 P3

P0 口（P0.0～P0.7）：P0 口是一个 8 位漏极开路的双向 I/O 口。作为输出口，每位能驱动八个 TTL 逻辑电平。对 P0 端口写"1"时，引脚用作高阻抗输入端。

当访问外部程序和数据存储器时，P0 口也被作为低 8 位地址/数据复用。在这种模式下，P0 具有内部上拉电阻。

在 Flash 编程时，P0 口用来接收指令字节；在程序校验时，输出指令字节。程序校验时，需要外部上拉电阻。

P1 口（P1.0～P1.7）：它是一个内部带上拉电阻的 8 位准双向 I/O 口，P1 口的驱动能力为 4 个 LS 型 TTL 负载。通常，P1 口是提供给用户使用的 I/O 口。Flash ROM 编程和程序校验期间，P1 接收低 8 位地址。同时 P1.5、P1.6、P1.7 具有第二功能，如表 1.1 所示。

表 1.1 P1.5、P1.6、P1.7 的第二功能

端口引脚	第二功能
P1.5	MOSI（用于 ISP 编程）
P1.6	MISO（用于 ISP 编程）
P1.7	SCK（用于 ISP 编程）

P2 口（P2.0～P2.7）：P2 口是一个带内部上拉电阻的 8 位双向 I/O 口，P2 口的输出缓冲级可驱动（吸收或输出电流）4 个 TTL 逻辑门电路。对端口写"1"，通过内部的上拉电阻把端口拉到高电平，此时 P2 可作输入口。P2 口作输入口使用时，因为内部存在上拉电阻，某个引脚被外部信号拉低时会输出一个电流（IIL）。

在访问外部程序存储器或 16 位地址的外部数据存储器时，P2 送出高 8 位地址数据。在访问 8 位地址的外部数据存储器时，P2 口线上的内容，即特殊功能寄存器（SFR）区 P2 寄存器的内容，在整个访问期间不改变。

Flash 编程或校验时，P2 口亦接收高位地址和其他控制信号。

P3 口（P3.0～P3.7）：P3 口是一组带内部上拉电阻的 8 位双向 I/O。P3 口输出缓冲级可驱动（吸收或输出电流）4 个 TTL 逻辑门电路。对 P3 口写入"1"时，它们被内部上拉电阻拉高并可作为输入端口。作输入端时，被外部拉低的 P3 口将用上拉电阻输出电流（IIL）。

P3 口除了作为一般的 I/O 口外，更重要的用途是它的第二功能，如表 1.2 所示.

P3 口还接收一些用于闪速存储器编程和程序校验的控制信号。

表 1.2 P3 口的第二功能

引脚	功能	引脚	信号名称
P3.0	串行数据接收口（RXD）	P3.4	定时器/计数器 0 的外部输入口（T0）
P3.1	串行数据发送口（TXD）	P3.5	定时器/计数器 1 的外部输入口（T1）
P3.2	外部中断 0（$\overline{INT0}$）	P3.6	外部 RAM 写选通信号（$\overline{WR}$）
P3.3	外部中断 1（$\overline{INT1}$）	P3.7	外部 RAM 读选通信号（$\overline{RD}$）

1.1.6 单片机最小系统的组成

所谓单片机最小系统，是指用最少的元件能使单片机工作起来的一个最基本的组成电路。那么拿到一块单片机芯片，想要使用它，怎么办呢？首先要知道怎样连线。对 51 系列单片机来说，最小系统一般应该包括：电源、晶振电路、复位电路等。同时，单片机要正常运行，还必须具备电源正常、时钟正常、复位正常三个基本条件。单片机最小系统电路如图 1.4 所示。

小知识：

电路图中放置在连线上的字符叫做网络标号，相同名字的网络标号表示这两处地方在实际中是连在一起的。

例如图中，R60 的右端就是跟单片机的第 9 脚连在一起的。

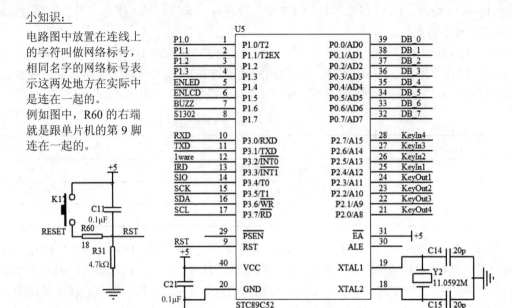

单片机复位电路　　　　　　　单片机电路

图 1.4　单片机最小系统电路

图 1.4 的最小系统电路节选自 KST-51 开发板原理图，下面根据该图来具体分析最小系统的三要素。

（1）电源

电源是单片机工作的动力源泉。KST-51 开发板所选用的单片机为 STC89C52，它需要 5V 的供电系统，采用 USB 口输出的 5V 直流电源直接供电。从图 1.4 可以看到，供电电路在 40 脚和 20 脚的位置上，40 脚接的是 +5V，通常也称为 VCC，代表的是电源正极，20 脚接的是 GND，代表的是电源的负极。

（2）时钟电路

时钟电路为单片机产生时序脉冲，单片机所有运算与控制过程都是在统一的时序脉冲的驱动下进行的。如果单片机的时钟电路停止工作（晶振停振），那么单片机也就停止运行了。STC89C52 单片机的 18 脚和 19 脚是晶振引脚，接一个 11.0592MHz 的晶振（它每秒振荡 11059200 次），外加两个 20pF 的电容，电容的作用是帮助晶振起振，并维持振荡信号的稳定。

（3）复位电路

在复位引脚（9 脚）持续出现 24 个振荡器脉冲周期（即 2 个机器周期）以上的高电平信号使单片机复位，此时，一些专用寄存器的状态值将恢复为初始值。单片机复位一般是 3 种情况：上电复位、手动复位、程序自动复位。

图 1.5（a）为上电复位电路，它是利用电容充电来实现的。在接电瞬间，RST 端的电位与 VCC 相同，随着充电电流的减少，RST 的电位逐渐下降。只要保证 RST 为高电平的时间大于 2 个机器周期，便能正常复位。

图 1.5（b）为按键复位电路。该电路除具有上电复位功能外，若要复位，只需按图 1.5（b）中的 RESET 键，此时电源 VCC 经电阻 R1、R2 分压，在 RST 端产生一个复位高电平。

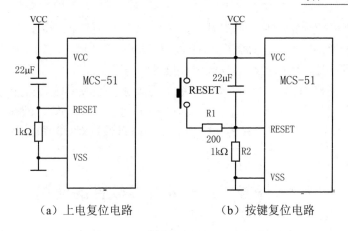

（a）上电复位电路 （b）按键复位电路

图 1.5 单片机常见的复位电路

复位后，内部各专用寄存器状态如表 1.3 所示。

表 1.3 各特殊功能寄存器初始状态

寄存器	状态	寄存器	状态
PC	0000H	TCON	00H
ACC	00H	TL0	00H
PSW	00H	TH0	00H
SP	07H	TL1	00H
DPTR	0000H	TH1	00H
P0～P3	FFH	SCON	00H
IP	xxx00000B	SBUF	不确定
IE	0xx00000B	PCON	0xxx0000B
TMOD	00H		

其中 x 表示无关位。请注意：

（1）复位后 PC 值为 0000H，表明复位后程序从 0000H 开始执行。

（2）SP 值为 07H，表明堆栈底部在 07H。一般需重新设置 SP 值。

（3）P0～P3 口值为 FFH。P0～P3 口用作输入口时，必须先写入 "1"。单片机在复位后，已使 P0～P3 口每一端线为 "1"，为这些端线用作输入口做好了准备。

下面着重介绍一下复位对单片机的作用。

假如单片机程序有 100 行，当某一次运行到第 50 行的时候，突然停电了，这个时候单片机内部有的区域数据会丢失掉，有的区域数据可能还没丢失。那么下次打开设备的时候，我们希望单片机能正常运行，所以上电后，单片机要进行一个内部的初始化过程，这个过程就可以理解为上电复位，上电复位保证单片机每次都从一个固定的、相同的状态开始工作。这个过程类似于打开电脑电源开电脑的过程。

当程序运行时，如果遭受到意外干扰而导致程序死机，或者程序跑飞的时候，可以按下复位按键，让程序重新初始化重新运行，这个过程就叫做手动复位，类似于电脑的重启按钮。

当程序死机或者跑飞的时候，单片机往往有一套自动复位机制，比如看门狗，具体应用以后再了解。在这种情况下，如果程序长时间失去响应，单片机看门狗模块会自动复位重启单片机。还有一些情况是程序故意重启复位单片机。

电源、晶振、复位构成了单片机最小系统的三要素，也就是说，一个单片机具备了这三个条件，就可以运行所下载的程序了，其他的如 LED 小灯、数码管、液晶等设备都是属于单片机的外部设备，即外设。最终完成想要实现的功能就是通过对单片机编程来控制各种各样的外设实现的。

1.2　任务二：Keil 开发软件的使用

单片机开发，首要的两个软件一个是编程软件，一个是下载软件。下载软件在项目二介绍。编程软件用 Keil μVision 的 51 版本，也叫 Keil C51。Keil C51 软件是众多单片机应用开发的优秀软件之一，它集编辑、编译、仿真于一体，支持汇编语言、PLM 语言和 C 语言的程序设计，界面友好，易学易用。在 51 系列单片机的学习与开发过程中，Keil C51 软件的使用为程序设计开发提供了一个高效率的平台。

1.2.1　Keil 软件安装

安装软件图标如图 1.6 所示：一个 Keil 安装程序，一个注册机（右侧）。

图 1.6　Keil 安装软件图标

双击 C51V901.exe 安装程序，如图 1.7 所示。

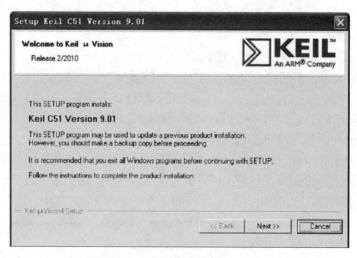

图 1.7　Keil 软件安装过程（一）

单击 Next 按钮，见图 1.8。

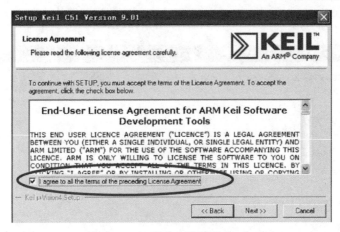

图 1.8　Keil 软件安装过程（二）

选中 I agree to all the terms of ……，单击 Next 按钮，见图 1.9。

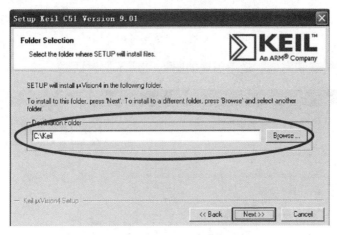

图 1.9　Keil 软件安装过程（三）

设置安装目录，根据自己的情况选中安装目录，若重新设置则单击 Browse 按钮，这里默认 C 盘，设置好安装目录后，单击 Next 按钮，见图 1.10。

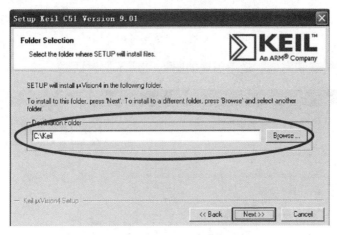

图 1.10　Keil 软件安装过程（四）

输入相关信息（随便输入），输入完毕后单击 Next 按钮，见图 1.11。

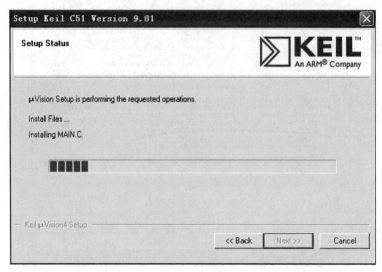

图 1.11　Keil 软件安装过程（五）

开始安装，等待安装完成，最后出现如图 1.12 所示的对话框。

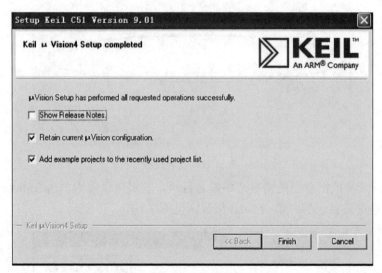

图 1.12　Keil 软件安装过程（六）

1.2.2　Keil 基本情况介绍

　　首先，用 Keil 打开一个现成的工程，来认识一下 Keil 软件，如图 1.13 所示。从图 1.13 可以很轻松地分辨出菜单栏、工具栏、工程管理区、程序代码区和信息输出窗口。

　　对于 Keil 软件菜单栏和工具栏的具体细化功能，都可以很方便地从网上查到，不需要记忆，随用随查即可。在这里只介绍 Keil 软件里边的字体大小和颜色设置。在菜单 Edit→Configuration→Colors &Fonts 里边，可以进行字体类型、颜色、大小的设置，如图 1.14 所示。

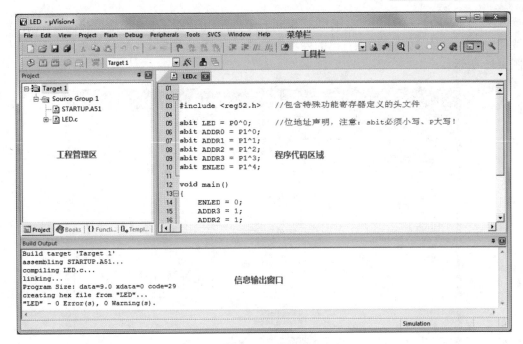

图 1.13 工程文件

图 1.14 字体设置（一）

因为用的是 C 语言编程,所以在 Window 栏目中选择 8051:Editor C Files,然后在右侧 Element 栏目里可以选择要修改的内容, 一般平时用到的只是其中几项而已, 比如: Text——普通文本、Text Selection——选中的文本、Number——数字、/*Comment*/——多行注释、//Comment——

单行注释、Keyword——C语言关键字、 String——字符串，Keil 本身都是有默认设置的，可以直接使用默认设置，也可以按照自己的要求去修改,改完后直接单击 OK 按钮看效果就可以了，如图 1.15 所示。

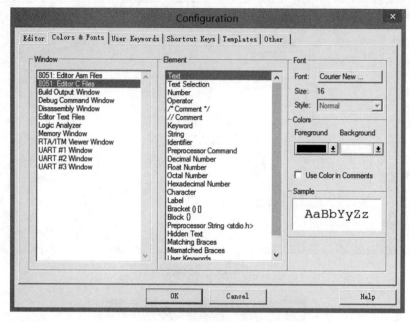

图 1.15　字体设置（二）

此外，有些新手在使用过程中会不小心关闭了某个窗口，最常见的是将工程管理区窗口关闭了，如图 1.16 所示，如何恢复默认视图窗口呢？

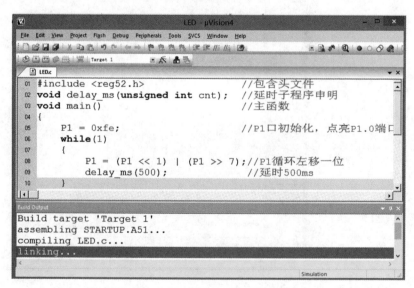

图 1.16　关闭工程管理区后的工程窗口

这时只需单击 Window 菜单下的 Reset View to Defaults 即可恢复到默认视图窗口，如图 1.17 所示。

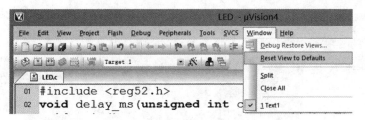

图 1.17　恢复默认视图设置

1.2.3　Keil 软件的使用

下面通过一个 C 语言程序的实现，来学习 Keil C51 软件的基本使用方法和基本的调试技巧。

1. 任务要求

用 Keil C51 软件编辑并编译一段 C 语言程序，实现 LED 流水灯的功能，即循环点亮 P1 口的八盏 LED 灯。

2. 分析任务编写程序

根据任务编写的 C 语言源程序如下：

```
#include <reg52.h>                      //包含头文件
void delay_ms(unsigned int cnt);         //延时子程序声明
void main()                              //主函数
{
    P1 = 0xfe;                           //P1 口初始化，点亮 P1.0 端口 LED
    while(1)
    {
        P1 = (P1 << 1) | (P1 >> 7);      //P1 循环左移一位
        delay_ms(500);                   //延时 500ms
    }
}

void delay_ms(unsigned int cnt)          //延时函数定义
{
    unsigned char i;
    while(cnt--)
    {
        for(i=0; i<=110; i++);
    }
}
```

以上程序的意思在后续项目学习中大家将会明白，暂时不用搞懂，只需要把代码复制到 Keil 里，按照如下的步骤一步一步操作，掌握 Keil 的使用步骤即可。

3. 程序编译调试

运行 Keil C51 编辑软件，软件界面如图 1.18 所示。

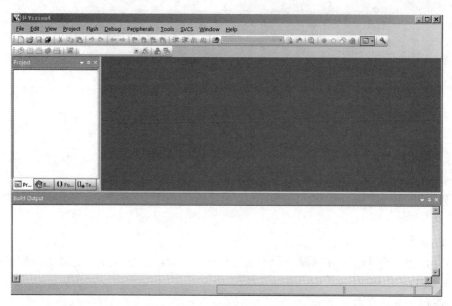

图 1.18　µVision 集成开发环境

（1）建立一个新的工程项目

单击 Project 菜单，在弹出的下拉菜单中选中 New µVision Project 选项，如图 1.19 所示。

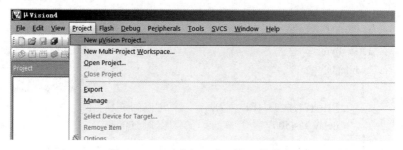

图 1.19　"建立新工程项目"操作框

（2）保存工程项目

选择要保存的文件路径，输入工程项目文件的名称，如保存的路径为 LED 文件夹，工程项目的名称为 LED，如图 1.20 所示，单击"保存"按钮。建议大家每新建一个工程都新建一个文件夹，把该工程的所有文件都存放在同一个文件夹中，便于查找与修改。

（3）为工程项目选择单片机型号

在弹出的对话框中选择需要的单片机型号，如图 1.21 所示，因为 Keil 软件是国外开发的，所以国内的 STC89C52 不在列表里面，但是只要选择同类型号就可以了。因为 51 内核是由 Intel 公司创造的，所以这里直接选择 Intel 公司名下的 80/87C52 来代替，这个选项的选择对于后边的编程没有任何的不良影响。

如图 1.21 选定型号，单击 OK 按钮之后，会弹出一个对话框，如图 1.22 所示。每个工程都需要一段启动代码，如果单击"否"，编译器会自动处理这个问题，如果单击"是"，这部分代码会提供给用户，用户就可以按需要自己去处理这部分代码。但这部分代码在初学 51 的这段时间内，一般是不需要去修改的，随着技术的提高和知识的扩展，有可能会需要了解这块内容，因此这个地方单击"是"，让这段代码出现，但是暂时不需要修改它。

图 1.20　"建立新工程项目" 对话框

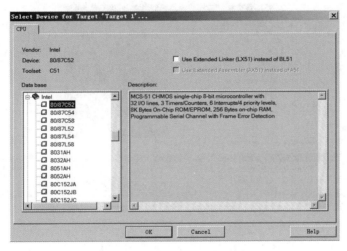

图 1.21　"CPU 选择"对话框

图 1.22　启动代码选择

在图 1.22 中单击"是"确定后，出现如图 1.23 所示的开发平台界面。

（4）新建源程序文件

单击 File 菜单，选择下拉菜单中的 New 选项，新建文件后得到如图 1.24 所示的界面。

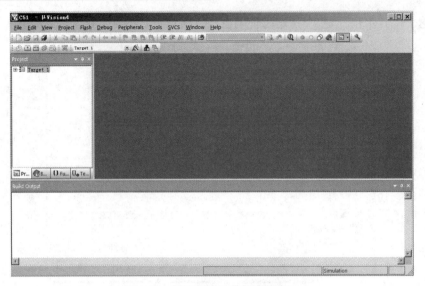

图 1.23　新工程项目建好后的窗口

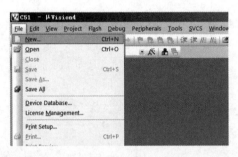

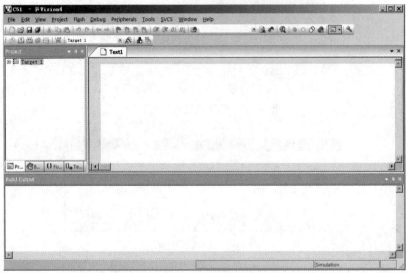

图 1.24　新建文件后屏幕图

（5）保存源程序文件

单击 File 菜单，选择下拉菜单中的 Save 选项，在弹出的对话框中选择保存的路径及源程序的名称，如图 1.25 所示。保存源程序时注意输入后缀名，如果是用汇编语言写的源程序保存时后缀名为".asm"，如果是用 C 语言编写的源程序保存时后缀名为".c"，如果是用 C 语言编写的头文件保存时后缀名为".h"。

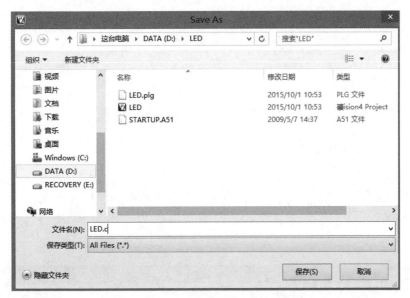

图 1.25　"保存源程序文件"对话框

（6）为工程项目添加源程序文件

在编辑界面中，单击 Target 前面的"+"，再在 Source Group 上右击，打开如图 1.26 所示的快捷菜单，选择 Add Files to Group'Source Group 1'，弹出如图 1.27 所示的对话框，选中要添加的源程序文件，单击 Add，得到如图 1.28 所示的界面，同时，在"Source Group 1"文件夹中多了一个我们添加的"LED.c"文件。

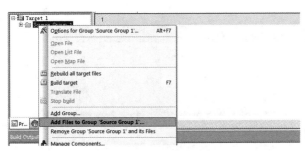

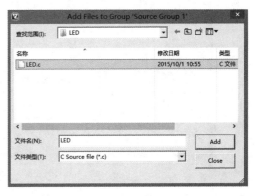

图 1.26　"为工程项目添加源程序文件"快捷菜单　　图 1.27　"为工程项目添加源程序文件"对话框

（7）输入源程序文件

在图 1.28 所示界面的文件编辑栏中输入以下源程序：

```
#include <reg52.h>                    //包含头文件
void delay_ms(unsigned int cnt);      //延时子程序声明
void main()                           //主函数
```

```
    {
        P1 = 0xfe;                              //P1 口初始化，点亮 P1.0 端口 LED
        while(1)
        {
            P1 = (P1 << 1) | (P1 >> 7);         //P1 循环左移一位
            delay_ms(500);                      //延时 500ms
        }
    }

    void delay_ms(unsigned int cnt)             //延时函数定义
    {
        unsigned char i;
        while(cnt--)
        {
            for(i=0; i<=110; i++);
        }
    }
```

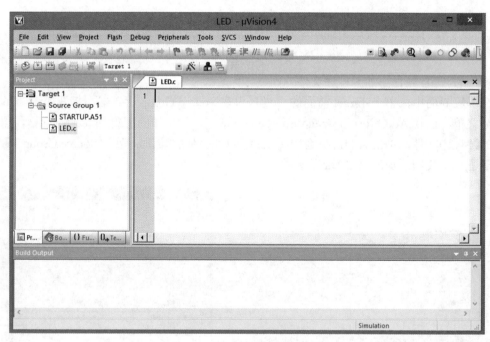

图 1.28　"输入源程序文件"窗口

源程序输入完成后保存，得到如图 1.29 所示的界面。程序中的关键字以不同的颜色提示用户加以注意，这就是事先保存待编辑的文件的好处，即 Keil C51 会自动识别关键字。

（8）编译源程序

在图 1.29 中，单击 Project→Rebuild All Target Files，或者单击图 1.30 中红框内的快捷图标，就可以对程序进行编译了。

```
01  #include <reg52.h>                    //包含头文
02  void delay_ms(unsigned int cnt);       //延时子程
03  void main()                            //主函数
04  {
05      P1 = 0xfe;                         //P1口初始
06      while(1)
07      {
08          P1 = (P1 << 1) | (P1 >> 7);   //P1循环左
09          delay_ms(500);                //延时500
10      }
11  }
```

```
linking...
Program Size: data=9.0 xdata=0 code=65
"LED" - 0 Error(s), 0 Warning(s).
```

图 1.29 "源程序输入完成后"窗口

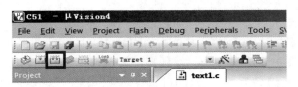

图 1.30 编译程序

编译完成后，在 Keil 下方的 Output 窗口会出现相应的提示，如图 1.31 所示，这个窗口提示编译完成后的情况，data=9.0，指的是程序使用了单片机内部的 256 字节 RAM 资源中的 9 字节，code=65 的意思是使用了 8KB 代码 Flash ROM 中的 65 字节。当提示"0 Error(s), 0 Warning(s)"时表示程序没有错误和警告。如果出现有错误和警告提示的话，那么 Error 和 Warning 不是 0，就要对程序进行检查，找出问题。

```
Build target 'Target 1'
assembling STARTUP.A51...
compiling LED.c...
linking...
Program Size: data=9.0 xdata=0 code=65
"LED" - 0 Error(s), 0 Warning(s).
```

图 1.31 编译输出信息

（9）生成 Hex 代码文件

单片机可加载的是 Hex 代码文件，因此程序编译以后必须生成 Hex 文件才能烧录到单片机芯片内。生成 Hex 文件的步骤如下：单击 Project→Options for Target 'Target1'...，或者单击图 1.32 红色框中的快捷图标,在弹出的对话框中单击 Output 选项,选中其中的 Create HEX File 项，如图 1.33 所示。

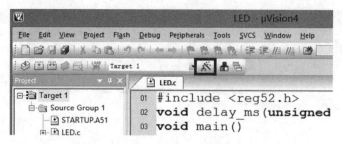

图 1.32　工程选项图标

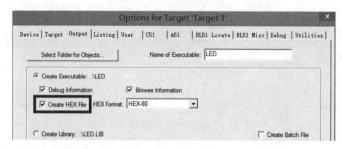

图 1.33　"设置生成 Hex 代码文件"操作框

设置完以后，再次单击 Project→Rebuild All Target Files，查看 Keil 下方的 Output 窗口，如图 1.34 所示，对比图 1.31 和图 1.34，发现多出了倒数第二行的内容"creating hex file from "LED" …"，即生成了后缀名为".hex"的可执行文件，要下载到单片机上的也就是这个 Hex 文件。

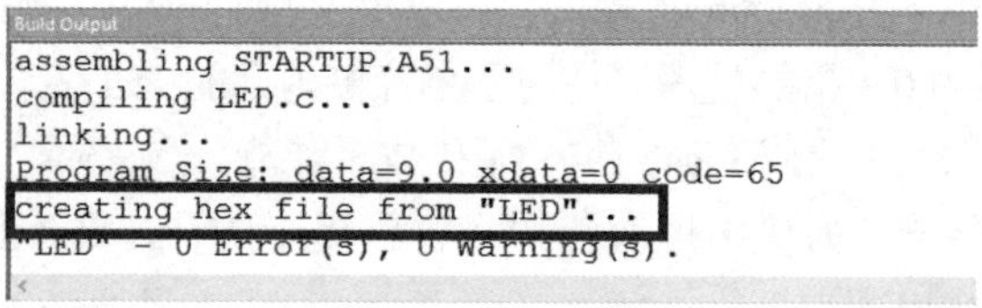

```
Build Output
assembling STARTUP.A51...
compiling LED.c...
linking...
Program Size: data=9.0 xdata=0 code=65
creating hex file from "LED"...
"LED" - 0 Error(s), 0 Warning(s).
```

图 1.34　编译输出信息

到此，一个完整的工程项目就在 Keil C51 软件上编译完成了。

1.3　任务三：Proteus 仿真软件的使用

Proteus 是英国 Labcenter 公司嵌入式系统仿真开发平台。在 51 系列单片机的学习与开发过程中，Keil C51 软件是程序设计开发的平台，不能直接进行单片机的硬件仿真。如果将 keil C51 软件和 Proteus 软件有机结合起来，那么 51 系列单片机的设计与开发将在软硬件仿真上得到完美的结合。由于低版本的 Proteus 不能运行于 Windows 8 及以上系统，所以本教材介绍的是 2013 年 2 月推出的专业版 Proteus 8.0 Professional，它可以运行在 Windows 8 和 Windows 10 系统中，该版本及其元器件的数据库升级更新比较及时。

1.3.1　Proteus 软件安装

Proteus 8.0 Professional 安装过程如下。

（1）运行 setup.exe 进行安装，进入安装向导界面，见图 1.35，单击 Next。选中 I accept the terms of…，然后单击 Next，界面如图 1.36 所示。

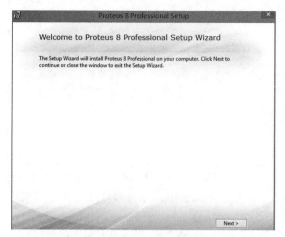
图 1.35　Proteus 安装过程（一）

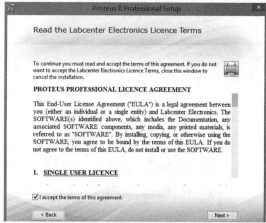
图 1.36　Proteus 安装过程（二）

注意：选择第二项 Use a license key installed on a server（见图 1.37），就是使用服务器授权文件。

（2）单击 Next 出现如图 1.38 所示界面，随便输入服务器名称，单击 Next 即可。

（3）此时提示导入以前版本 Proteus 的文件，根据自己的情况选择，然后单击 Next 即可，见图 1.39。

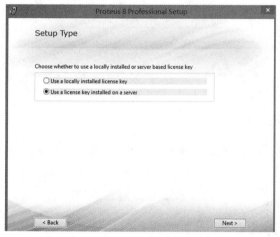
图 1.37　Proteus 安装过程（三）

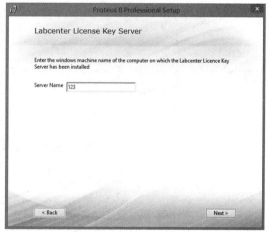
图 1.38　Proteus 安装过程（四）

（4）选择安装方式时，出现图 1.40 所示界面，建议选择 Custom（自定义），然后选择非系统盘安装路径（例如 D 盘、E 盘都可以），这样可以减轻 C 盘的压力，见图 1.41。

注意：图 1.41 中上面是程序的路径（路径 1），下面是模型（MODEL）、文档的路径（路径 2）。

（5）选择安装组件，一般不用改，单击 Next，见图 1.42。

（6）设置开始菜单快捷方式文件夹，按默认设置即可，单击 Next，见图 1.43。

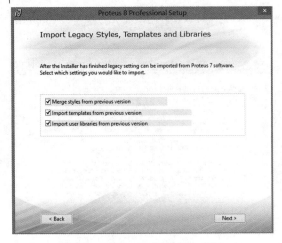

图 1.39　Proteus 安装过程（五）

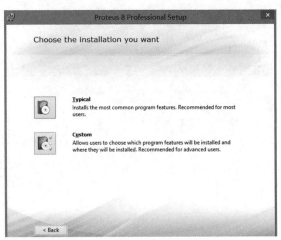

图 1.40　Proteus 安装过程（六）

图 1.41　Proteus 安装过程（七）

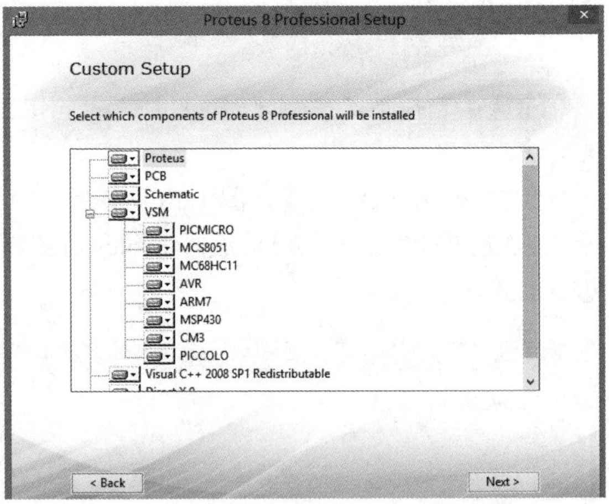

图 1.42　Proteus 安装过程（八）

（7）单击 Install 安装，等待安装完成，见图 1.44。

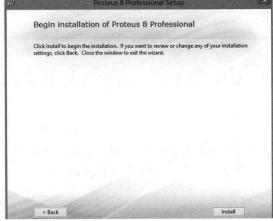

图 1.43　Proteus 安装过程（九）

图 1.44　Proteus 安装过程（十）

至此，Proteus 8.0 就已经安装完成，接下来看看如何使用该软件吧。

1.3.2 Proteus 软件的使用

下面以一个实例来学习单片机硬件仿真软件 Proteus 的使用。

1. 任务要求

用 Proteus 仿真软件，实现单片机最小系统的简单应用。要求：P1 口控制 8 个发光二极管 LED 循环点亮。电路原理图如图 1.45 所示。

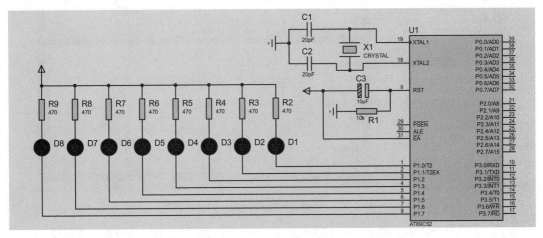

图 1.45　电路原理图

2. 任务实现步骤

双击桌面上的 Proteus 8 Professional 图标或者单击屏幕左下方的"开始"→"程序"→ Proteus 8 Professional，出现如图 1.46 所示的屏幕，表明进入 Proteus 8 Professional 集成环境。几秒钟过后进入 Proteus 8 Professional 的主界面，如图 1.47 所示。

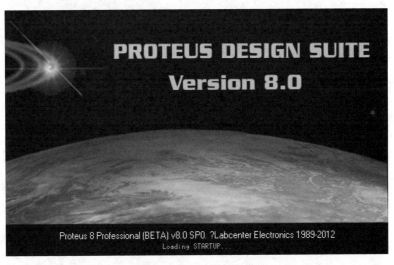

图 1.46　启动时的屏幕

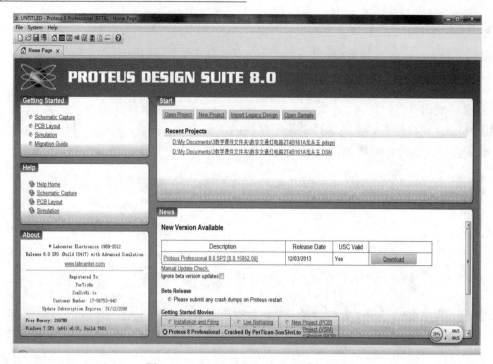

图 1.47　Proteus 8 Professional 的主界面

（1）建立一个新的工程

在图 1.47 的主界面上单击 New Project 或者单击 File 菜单，选择下拉菜单中的 New Project 选项，弹出"新建工程向导"对话框，如图 1.48 所示。在图 1.48 中修改工程名称和保存路径，否则将按默认名字和路径保存（建议修改），单击 Next。

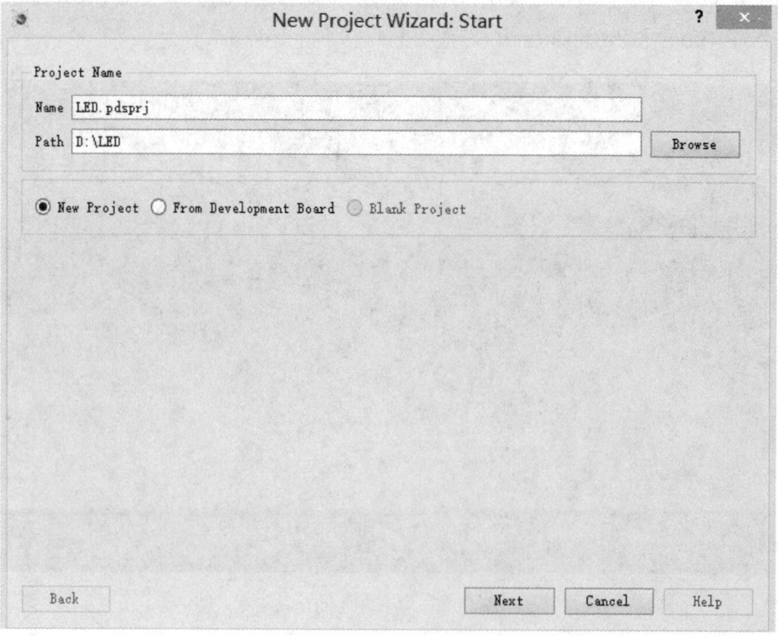

图 1.48　新建工程向导

弹出原理图设计对话框，如图 1.49 所示。因为我们要进行原理图仿真，所以选择 Create a schematic from the selected template，并根据自己的要求选择设计文件的纸张，在这里由于原理图简单，所以选择 Landscape A4 即 A4 大小纸张就可以了。选择好以后单击 Next。

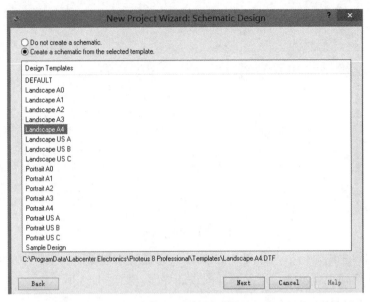

图 1.49　创建原理图

弹出 PCB 布局对话框，如图 1.50 所示。可以根据自己的需要进行选择，我们在这里仅进行原理图仿真，不设计 PCB，所以按默认设置即可，单击 Next 进入下一步。

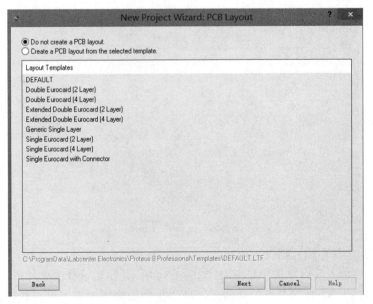

图 1.50　PCB 布局

弹出固件选择对话框，如图 1.51 所示，可以为工程固定一款单片机，也可以选择 No Firmware Project，再在原理图中手动添加单片机。我们按默认设置，单击 Next 进入下一步。

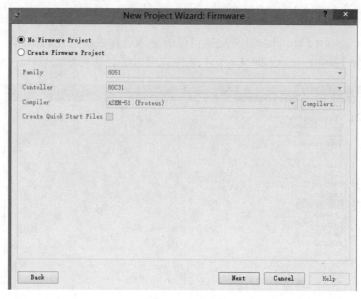

图 1.51　固件选择

弹出工程向导总结对话框，如图 1.52 所示，总结我们在前面的步骤中的各项选择结果。单击 Finish 完成新建工程步骤，进入原理图设计界面，如图 1.53 所示。

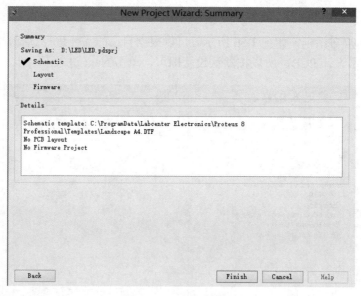

图 1.52　工程向导总结

（2）为工程选择电路元器件

将所需元器件加入到对象选择器窗口，如图 1.54 所示，这里选择的单片机型号为 AT89C52。下面以单片机 AT89C52 为例分析如何将元器件添加到原理图中来。单击对象选择器按钮P，选择 Microprocessor ICs 类在子类中选择 8051 Family，然后在 Results 中找到 AT89C52，单击 OK 便回到原理图设计界面，单击鼠标左键，出现一个红色框表示的单片机 AT89C52，如图 1.55 所示，拖动鼠标选定合适的位置再单击鼠标左键，便放置好了单片机。

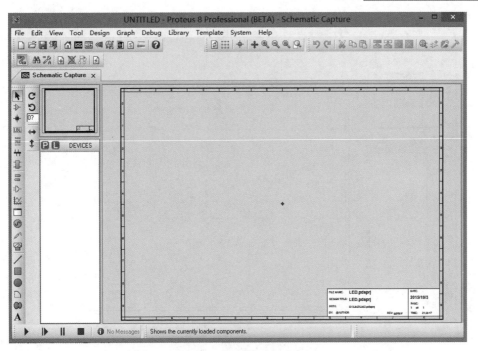

图 1.53　原理图设计界面

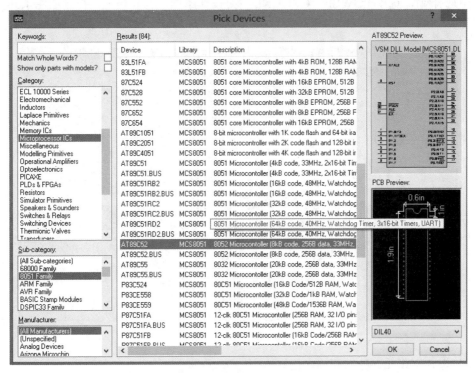

图 1.54　元器件选择界面

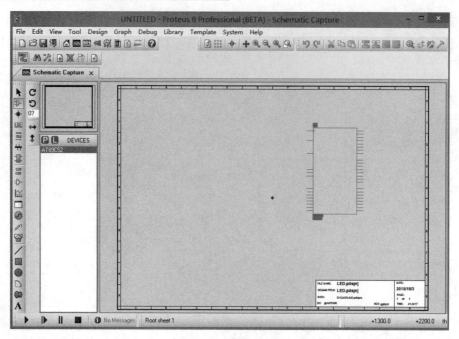

图 1.55   放置元器件

用同样的方法添加 C1、C2、C3、X1（CRYSTAL）、R1～R9、D1～D8（LED）。在绘图工具栏中选择 ，选中 POWER、GROUND，为设计添加电源和接地，得到如图 1.56 所示的设计界面。

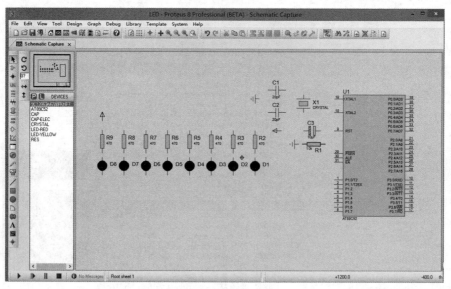

图 1.56   设计界面

（3）设计电路元器件的布局与连线

在图形编辑窗中选择需要移动的元件，放置到合适的位置。右击选中元件，单击并拖动左键，就可以将需要的元件移到合适的位置。元件连线时将鼠标移到需连线的元件节点单击，移到下一连线节点再单击,就可将两个节点连接了。用同样的方法将所有需要连接的节点连接。得到如图 1.57 所示的电路原理图。

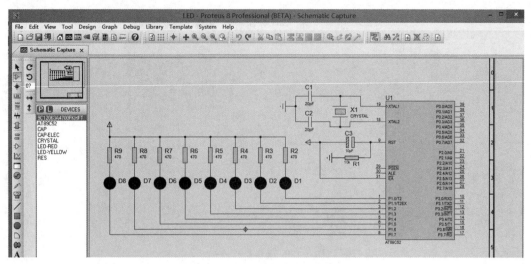

图 1.57　连线完成后的电路原理图

（4）编辑电路原理图元件

对于电路中的元件,必要时需对其属性或参数进行修改,如电容值和电阻值等。双击鼠标左键,打开编辑对话框,可以修改元件的名称、值和 PCB 封装等属性。图 1.58 所示是编辑电阻元件 R2 的元件编辑对话框,将 Resistance 改为 100Ω（100 欧）。用同样的方法对需要修改参数值的元件修改。

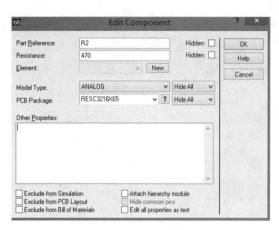

图 1.58　编辑元件对话框

（5）保存设计的原理图电路文件

单击 ▦ ,保存原理图电路文件。

到此,一个完整的单片机最小系统电路原理图就设计完成了。接下来需要做的就是将在 Keil C51 软件中编译生成的 Hex 文件添加到原理图的单片机中。

（6）为单片机添加 Hex 程序文件

在原理图中双击单片机,在弹出的对话框中单击 Program File 选项后面的 ▦ ,添加 Hex

文件，如图 1.59 所示。保存后就可以进行电路仿真了，仿真电路如图 1.60 所示。然后根据仿真现象，不断进行源程序调试，完善设计。

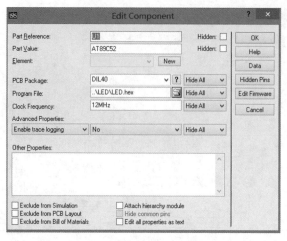

图 1.59　加载 Hex 文件

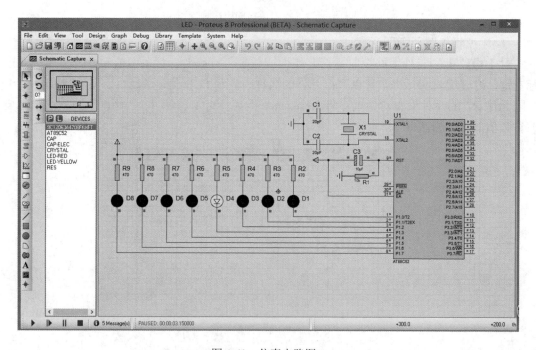

图 1.60　仿真电路图

至此，通过 Keil C51 软件对源程序进行编译调试并将其与 Proteus 软件进行了联调，实现了电路仿真。

补充说明

1. 添加元件

在为设计项目添加元件时，可以在 Keywords 栏中输入需要的元件名称，对于不熟悉名称的元件，可以在 Pick Devices 页面中的 Category 栏下选择元件所在的系列。表 1.4 列出了一些常用元件的所在系列。

表 1.4　常用元件所在系列

系列	元件
Miscellaneous	晶振、电池、保险等
Microprocessor ICs	各类单片机及其他芯片
Optoelectronics	各类光电显示元件
Analog ICs	各类模拟电子元件
Capacitors	各类电容元件
Resistors	各类电阻元件
Switches & Relays	各类开关及按钮

2. Proteus 元件仿真库

Proteus 元件仿真库见表 1.5。

表 1.5　Proteus 元件仿真库

元件名称	中文名说明
7407	驱动门
1N914	二极管
74LS00	与非门
74LS04	非门
74LS08	与门
74LS390	TTL 双十进制计数器
7SEG-BCD	4 针 BCD-LED 输出，从 0～9 对应于 4 根线的 BCD 码
7SEG-COM	7 针译码器电路 BCD-7SEG（有公共端）
ALTERNATOR	交流发电机
AMMETER-MILLI	mA 安培计
AND	与门
BATTERY	电池/电池组
BUS	总线
CAP	电容
CAPACITOR	电容器
CLOCK	时钟信号源
CRYSTAL	晶振
D-FLIPFLOP	D 触发器
FUSE	保险丝
GROUND	地
LAMP	灯
LED-RED	红色发光二极管

元件名称	中文名说明
LM016L	2 行 16 列液晶
	可显示 2 行 16 列英文字符，有 8 位数据总线 D0～D7、RS、R/W、EN 三个控制端口（共 14 线），工作电压为 5V。没背光，和常用的 1602B 功能和引脚一样（除了调背光的两个线脚）
LOGIC ANALYSER	逻辑分析器
LOGIC PROBE	逻辑探针
LOGIC PROBE[BIG]	逻辑探针，用来显示连接位置的逻辑状态
LOGIC STATE	逻辑状态，用鼠标单击，可改变该方框连接位置的逻辑状态
LOGIC TOGGLE	逻辑触发
MASTERSWITCH	按钮，手动闭合立即自动打开
MOTOR	马达
OR	或门
POT-LIN	三引线可变电阻器
POWER	电源
RES	电阻
RESISTOR	电阻器
SWITCH	按钮，手动按一下一个状态
SWITCH-SPDT	二选通一按钮
VOLTMETER	伏特计
VOLTMETER-MILLI	mV 伏特计
VTERM	串行口终端
Electromechanical	电机
Inductors	变压器
Laplace Primitives	拉普拉斯变换
Memory ICs	存储器
Microprocessor ICs	微处理器（单片机）芯片
Miscellaneous	各种器件，如 AERIAL-天线、ATAHDD、ATMEGA64、BATTERY、CELL、CRYSTAL-晶振、FUSE、METER-仪表
Modelling Primitives	各种仿真器件，是典型的基本元器模拟，不表示具体型号，只用于仿真，没有 PCB
Optoelectronics	各种发光器件，如发光二极管 LED、液晶等
PLDs & FPGAs	可编程逻辑器件，现场可编程门阵列
Resistors	各种电阻
Simulator Primitives	常用的器件
Speakers & Sounders	喇叭及蜂鸣器

元件名称	中文名说明
Switches & Relays	开关，继电器，键盘
Switching Devices	晶闸管，可控硅
Transistors	晶体管（三极管，场效应管）
TTL 74 series	74 系列数字电路（标准型）
TTL 74ALS series	74 系列高速数字电路（先进低功耗肖特基型）
TTL 74AS series	74 系列高速数字电路（先进肖特基型）
TTL 74F series	74 系列快速数字电路
TTL 74HC series	高速 CMOS 74 系列数字电路
TTL 74HCT series	高速 CMOS TTL 兼容 74 系列数字电路
TTL 74LS series	74 系列数字电路（低功耗肖特基型）
TTL 74S series	74 系列数字电路（肖特基型）
Analog ICs	模拟电路集成芯片
Capacitors	电容集合
CMOS 4000 series	4XXX 系列数字电路
Connectors	排座，排插
Data Converters	ADC，DAC
Debugging Tools	调试工具
ECL 10000 Series	10000 系列 ECL 集成电路

项目二　输入/输出功能

项目描述：我们所熟悉的电脑的输入设备有键盘、鼠标、麦克风等，输出设备有显示器、音响等。如同电脑，输入/输出也是单片机最基本的功能，单片机最常用的输入设备为键盘，最常用的输出设备为发光二极管 LED、数码管以及液晶显示器 LCD。本项目基于 KST-51 开发板，通过编程实现独立按键检测与 LED 灯点亮功能。

2.1　任务一：输出功能——点亮 LED 灯

2.1.1　LED 灯介绍

LED（Light-Emitting Diode），即发光二极管，俗称 LED 小灯，它的种类很多，参数也不尽相同，KST-51 开发板上用的是普通的贴片发光二极管。这种二极管通常的正向导通电压在 1.8V 到 2.2V 之间，工作电流一般在 1mA～20mA 之间。其中，当电流在 1mA～5mA 之间变化时，随着通过 LED 的电流越来越大，人的肉眼会明显感觉到这个小灯越来越亮，而当电流在 5mA～20mA 之间变化时，看到的发光二极管的亮度变化就不是太明显了。当电流超过 20mA 时，LED 就会有烧坏的危险，电流越大，烧坏得也就越快。所以在使用过程中应该特别注意它在电流参数上的设计要求。

LED 驱动电路如图 2.1 所示。若接入的 VCC 电压是 5V，发光二极管自身压降大概是 2V，那么在右边电阻 R34 上承受的电压就是 3V。若要求电流范围是 1mA～20mA 的话，就可以根据欧姆定律 $R=U/I$，把这个电阻的上限值和下限值求出来。$U=3V$，当电流是 1mA 的时候，电阻值是 3kΩ；当电流是 20mA 的时候，电阻值是 150Ω，也就是说 R34 的取值范围是 150Ω～3kΩ。这个电阻值大小的变化，可以直接限制整条通路的电流的大小，因此这个电阻通常称为"限流电阻"。图 2.1 中用的电阻是 1kΩ，可以计算出流过 LED 的电流大约为 3mA。

将图 2.1 变换一下，用一个单片机的 I/O 口来驱动 LED，有两种方式，如图 2.2 和图 2.3 所示。

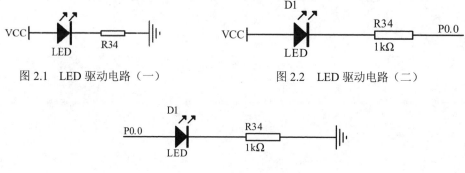

图 2.1　LED 驱动电路（一）　　　　　　图 2.2　LED 驱动电路（二）

图 2.3　LED 驱动电路（三）

图 2.2 中，如果单片机 P0.0 引脚输出一个低电平，也就是跟 GND 一样的 0V 电压，就可以让 LED 发光；如果 P0.0 引脚输出一个高电平，就是跟 VCC 一样的+5V 电压，那么这个时候，左侧 VCC 电压和右侧 P0.0 的电压是一致的，就没有电压差，不会产生电流，因此 LED 灯不会亮，处于熄灭状态。由于单片机是可以编程控制的，因此可以通过编程使 P0.0 端口输出高电平或低电平，从而控制 LED 灯的亮与灭。同理，图 2.3 中，P0.0 引脚输出一个高电平，就可以让 LED 发光，输出一个低电平，就熄灭 LED。下面通过编程软件来控制 LED 灯的亮和灭。

2.1.2 任务实施

1. 编程语言介绍

单片机的开发语言有两种：汇编语言和 C 语言，汇编语言是一种用文字助记符来表示机器指令的符号语言，是最接近机器码的一种语言。其主要优点是占用资源少、程序执行效率高。但是对于不同的 CPU，其汇编语言可能有所差异，所以不易移植。

C 语言是一种编译型程序设计语言，它兼顾了多种高级语言的特点，并具备汇编语言的功能，C 语言有功能丰富的库函数，运算速度快，编译效率高，具有良好的可移植性，可以直接实现对系统硬件的控制。C 语言是一种结构化程序设计语言，它支持当前程序设计中广泛采用的自顶向下结构化程序设计技术。此外，C 语言程序具有完善的模块程序结构，从而为软件开发中采用模块化程序设计方法提供了有力的保障。因此，使用 C 语言进行程序设计已成为软件开发的一个主流。用 C 语言来编写目标系统软件，会大大缩短开发周期，且明显地增加了软件的可读性，便于改进和扩充，从而可研制出规模更大、性能更完备的系统。

相比较来说，汇编语言比较接近单片机的底层，使用汇编语言有助于理解单片机内部结构。简单的程序用汇编语言开始，程序效率可能比较高，但是当程序容量达到成千上万行以后，汇编语言在组织结构、修改维护等方面就非常困难了，此时 C 语言就有不可替代的优势了。所以实际开发过程中，目前至少 90%以上的工程师都在用 C 语言做单片机开发，只有在很低端的应用中或者是特殊要求的场合，才会用汇编语言开发，所以本教材中所有项目开发都是用 C 语言。

2. 特殊功能寄存器和位定义

用 C 语言来对单片机编程，要了解单片机特殊的独有的几条编程语句，51 单片机也有，下面先介绍两条。

第一条语句是：sfr P0 = 0x80;

sfr 这个关键字，是 51 单片机特有的，它的作用是定义一个单片机特殊功能寄存器 SFR（Special Function Register）。51 单片机内部有很多个小模块，每个模块在存储器中都有一个唯一的地址，同时每个模块都有 8 个控制开关。如：P0 是一个功能模块，在 RAM 中的地址为 0x80，通过设置 P0 内部这个模块的 8 个开关，来让单片机的 P0 这 8 个 I/O 口输出高电平或者低电平。而 51 单片机内部有很多寄存器，如果想使用的话必须提前进行 sfr 声明。不过 Keil 软件已经把所有这些声明都预先写好并保存到一个专门的文件中去了，要使用的话只要在文件开头添加一行#include <reg52.h>即可。

第二条语句是：sbit LED = P0^0;

sbit，就是对 SFR 的 8 个开关中的一个进行定义。经过上面第二条语句后，以后只要在程序里写 LED，就代表了 P0.0 口，注意这里 P 必须大写，这也就相当于给 P0.0 又取了一个更形象的名字叫做 LED。

了解了这两个语句后，来看一下单片机的特殊功能寄存器，如图 2.4 所示。需要注意是，每个型号的单片机都会配有生产厂商所编写的数据手册（Datasheet），打开 STC89C52 的数据手册，从 21 页到 24 页，全部是对特殊功能寄存器的介绍以及地址映射列表。在使用这个寄存器之前，必须对这个寄存器的地址进行说明。

Mnemonic	Add	Name	7	6	5	4	3	2	1	0	Reset Value
P0	80h	8-bit Port 0	P0.7	P0.6	P0.5	P0.4	P0.3	P0.2	P0.1	P0.0	1111,1111
P1	90h	8-bit Port 1	P1.7	P1.6	P1.5	P1.4	P1.3	P1.2	P1.1	P1.0	1111,1111
P2	A0h	8-bit Port 2	P2.7	P2.6	P2.5	P2.4	P2.3	P2.2	P2.1	P2.0	1111,1111
P3	B0h	8-bit Port 3	P3.7	P3.6	P3.5	P3.4	P3.3	P3.2	P3.1	P3.0	1111,1111
P4	E8h	4-bit Port 4	–	–	–	–	P4.3	P4.2	P4.1	P4.0	xxxx,1111

图 2.4　I/O 口特殊功能寄存器

P0 口地址是 0x80，一共有从 7 到 0 共 8 个 I/O 口控制位，后边有个 Reset Value（复位值），这个很重要，是对寄存器必看的一个参数，8 个控制位复位值全部都是 1。也就是说，当单片机上电复位的时候，所有的引脚的值默认都是 1，即高电平，在设计电路的时候要充分考虑这个问题。

上边那两条语句，写 sfr 的时候，必须要根据手册里相应地址（Add）去写，写 sbit 的时候，就可以直接将一个字节其中某一位取出来。在编程的时候，也有现成的写好寄存器地址的头文件，直接包含该头文件就可以了，不需要逐一去写了。

3. C 语言变量类型和范围

C 语言的数据变量基本类型分为字符型、整型、长整型及浮点型，如表 2.1 所示。

表 2.1　C 语言基本类型

基本类型	子类型	取值范围
字符型	unsigned char	0～255
	signed char	-128～127
整型	unsigned int	0～65535
	signed int	-32768～32767
长整型	unsigned long	0～4294967295
	signed long	-2147483648～2147483647
浮点型	float	$-3.4×10^{-38}～3.4×10^{-38}$
	double	（C51 里等同于 float）

表 2.1 中有四种基本类型，每个基本类型又包含了两个类型。字符型、整型、长整型，除了可表达的数值大小范围不同之外，都是只能表达整数，而 unsigned 型的又只能表达正整数，要表达负整数则必须用 signed 型，如要表达小数的话，则必须用浮点型。

在程序中定义变量时一定要注意变量的取值范围，变量类型使用不当有时会有预料不到的后果。这里有一个编程宗旨，就是能用小不用大。就是说定义能用 1 个字节 char 解决问题的，就不定义成 int，一方面，节省了 RAM 空间可以让其他变量或者中间运算过程使用，另一方面，占空间小，程序运算速度也快一些。

4. 程序编写

下面用 C 语言编写程序点亮 LED 灯。

```
#include <reg52.h>          //包含特殊功能寄存器定义的头文件
sbit LED = P0^0;            //位地址声明，注意：sbit 必须小写、P 大写！
void main()                 //任何一个 C 程序都必须有且仅有一个 main 函数
{                           //{}是成对存在的，在这里表示函数的起始和结束
    LED = 0;                //分号表示一条语句结束
}
```

先从程序语法上来分析一下。

①main 是主函数的函数名字，每一个 C 程序都必须有且仅有一个 main 函数。

②void 是函数的返回值类型，本程序没有返回值，用 void 表示。

③{}在这里是函数开始和结束的标志，不可省略。

④每条 C 语句都是以 ";" 结束的，并且 ";" 是通过英文输入法输入的，如果是中文输入法，编译时会报错。

从逻辑上来看，程序这样写就可以了，但是在实际单片机应用中，存在一个问题。比如程序空间可以容纳 100 行代码，但是实际上的程序只用了 50 行代码，当运行完了 50 行，再继续运行时，第 51 行的程序不是我们想运行的程序，而是不确定的未知内容，一旦执行下去程序就会出错从而可能导致单片机自动复位，所以通常在程序中加入一个死循环，让程序停留在希望的这个状态下，不要乱运行，有以下两种写法可以参考：

```
参考程序一：                      参考程序二：
#include <reg52.h>              #include <reg52.h>
sbit LED = P0^0;               sbit LED = P0^0;
void main()                    void main()
{                              {
    while(1)                       LED = 0;
    {                              while(1);
        LED = 0;               }
    }
}
```

程序一的功能是程序在反复不断地无限次执行 "LED = 0;" 这条语句，而程序二的功能是 "LED=0;" 语句执行一次，然后程序直接停留下来等待，相对程序一来说程序二更加简洁一些。针对图 2.2，这两个程序都能够把 LED 灯点亮，但是这两个程序却都点不亮 KST-51 板子上的小灯，这是为什么呢？

单片机程序开发，实际上算是硬件底层驱动程序开发，这种程序的开发，是离不开电路图的，必须根据电路图来进行程序的编写。如果设计电路板的电路图和图 2.2 一样的话，程序可以成功点亮 LED 灯，但是如果不一样，就可能点不亮。

KST-51 开发板上，还有一个 74HC138 作为 8 个 LED 灯的总开关，而 P0.0 仅仅是个分开

关。如同家里总是有一个供电总闸，然后每个电灯又有一个专门的开关，刚才的程序仅仅打开了那个电灯的开关，但是没有打开那个总电闸，所以程序需要加上这部分代码。

开发板上 LED 灯的硬件电路如图 2.5 所示，74HC138 电路如图 2.6 所示，分析可知：若要点亮 LED2，必须使得 DB0 端口（通过锁存器 74HC245 连接至单片机 P0.0 端口）输出低电平，同时 Q16 的三极管 9012 导通，即 LEDS6 端口输出低电平，而 LEDS6 接至 74HC138 的 $\overline{Y6}$ 端，$\overline{Y6}$ 端输出低电平的条件是 74HC138 正常工作（$\overline{E1}$、$\overline{E2}$ 端为低电平，E3 端为高电平）且 A2、A1、A0 端口电平分别为 1、1、0，因此，程序初始化时应将 ENLED 置 0，ADDR3 置 1，ADDR2 置 1，ADDR1 置 1，ADDR0 置 0。

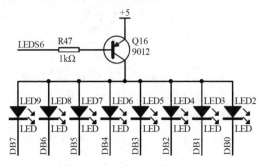

图 2.5　LED 驱动电路（四）

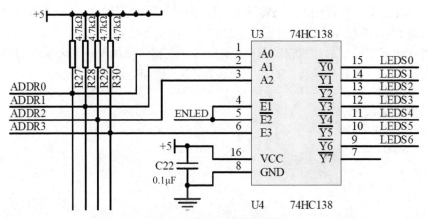

图 2.6　74HC138 连接电路

需要注意的是，ADDR0～ADDR3 这四个端口并不是直接接到 P1.0～P1.3 端口的，接口电路如图 2.7 所示，P1.0～P1.3 端口为显示译码与步进电机的复用端口，若要点亮 LED 灯（即 P1.0～P1.3 口作显示译码端口用），需将板子上 J13～J16 这四个端子上的跳线帽都拨到右边两个端口，即将 ADDR0～ADDR3 分别接 P1.0～P1.3 端口。

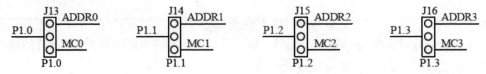

图 2.7　显示译码与步进电机的跳线选择

跳线帽插好以后，下面编写点亮板子上最右边 LED 小灯的程序：

```c
#include <reg52.h>      //包含特殊功能寄存器定义的头文件
sbit LED = P0^0;        //位地址声明，注意：sbit 必须小写、P 大写！
sbit ADDR0 = P1^0;
sbit ADDR1 = P1^1;
sbit ADDR2 = P1^2;
sbit ADDR3 = P1^3;
sbit ENLED = P1^4;
void main()
{
ENLED = 0;              //使能 74HC138
ADDR3 = 1;              //使能 74HC138
                        //以下三条语句使得 74HC138 的 Y6 引脚输出低电平，从而导通 Q16
ADDR2 = 1;
ADDR1 = 1;
ADDR0 = 0;
LED = 0;                //点亮小灯
while (1);              //程序停止在这里
}
```

按项目一中任务二介绍的方法新建工程，将上述代码输入 Keil 软件程序代码区域，并编译生成 Hex 文件，下面介绍如何将 Hex 文件烧录到单片机中。

5.　程序下载

首先，要把硬件连接好，把板子插到电脑上，打开设备管理器查看所使用的是哪个 COM 口，如图 2.8 所示，找到 "USB-SERIAL CH340（COM3）" 这一项，这里最后的数字就是开发板目前所使用的 COM 端口号。注意要先在电脑上安装 USB 转串口的驱动程序才能看到相应的 COM 端口，否则如图 2.9 所示，将无法下载程序。

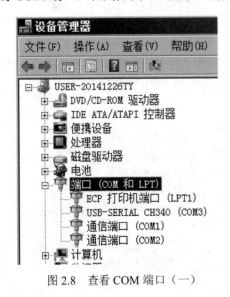

图 2.8　查看 COM 端口（一）

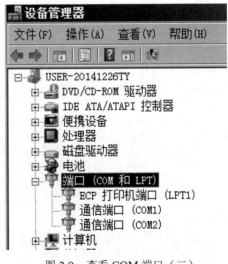

图 2.9　查看 COM 端口（二）

然后打开 STC 系列单片机的下载软件——STC-ISP，如图 2.10 所示。

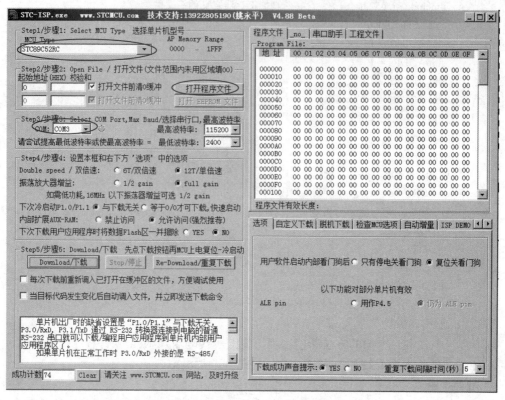

图 2.10　程序下载设置

　　下载软件烧录程序分五个步骤：步骤 1，选择单片机型号，开发板上用的单片机型号是 STC89C52RC，这个一定不能选错了；步骤 2，单击"打开程序文件"，找到刚才建立的工程文件夹，找到之前编译生成的 Hex 文件 LED.hex，单击打开；步骤 3，选择刚才查到的 COM 口，波特率（baud rate）使用默认的就行；步骤 4，这里的所有选项都使用默认设置，不要随便更改，有的选项改错了以后可能会产生麻烦；步骤 5，因为 STC 单片机要冷启动下载，就是先下载，然后再给单片机上电，所以要先关闭板子上的电源开关，然后单击"Download/下载"按钮，等待软件提示请上电后，如图 2.11 所示，再按下板子的电源开关，就可以将程序下载到单片机里边了。当软件显示"已加密"就表示程序下载成功了，如图 2.12 所示。

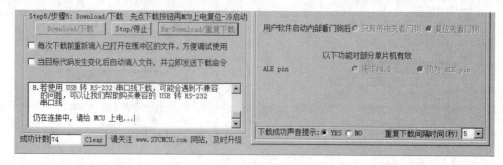

图 2.11　程序下载过程

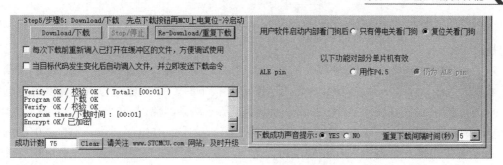

图 2.12　程序下载完毕

程序下载完毕后，会自动运行，大家可以在板子上看到那一排 LED 中最右侧的小灯已经发光了。现在如果我们把 LED=0 改成 LED=1，再重新编译程序下载进去新的 Hex 文件，灯就会熄灭。

2.2　任务二：输入功能——按键检测

2.2.1　键盘介绍

在单片机应用系统中，键盘主要用于向计算机输入数据、传送命令等，是人工干预计算机的主要手段。键盘要通过接口与单片机相连，分为编码键盘和非编码键盘两类。

键盘上闭合键的识别由专用的硬件编码器实现，并产生键编码号或键值的称为编码键盘，如计算机键盘。而靠软件编程来识别的称为非编码键盘，在单片机组成的各种系统中，使用最广泛的是非编码键盘。当然，也有用到编码键盘的。

非编码键盘分为：独立键盘（如图 2.13 所示）和行列式（又称为矩阵式）键盘（如图 2.14 所示）。

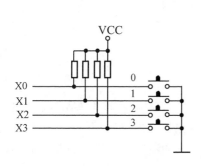

图 2.13　独立键盘

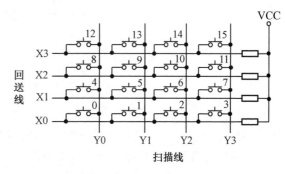

图 2.14　矩阵键盘

独立键盘每个键相互独立，各自与一条 I/O 线相连，CPU 可直接读取该 I/O 线的高/低电平状态。其优点是硬件、软件结构简单，判键速度快，使用方便；缺点是占 I/O 口线多。它多用于设置控制键、功能键，适用于键数少的场合。

矩阵键盘的键按矩阵排列，各键处于矩阵行/列的结点处，CPU 通过对连在行（列）的 I/O 线读取已知电平的信号，然后读取列（行）线的状态信息，逐线扫描，得出键码。其特点是键多时占用 I/O 口线少，硬件资源利用合理，但判键速度慢。它多用于设置数字键，适用于键数多的场合。

本节以独立键盘为例介绍单片机的输入功能，矩阵键盘在后续章节再做介绍。图 2.13 中，4 条输入线接到单片机的 I/O 口上，当按键 0 按下时，+5V 通过与 X0 端相连的电阻，然后再通过按键 0 最终进入 GND 形成一条通路，那么这条线路的全部电压都加到了电阻上，X0 这个引脚就是低电平。当松开按键后，线路断开，就不会有电流通过，那么 X0 和+5V 就应该是等电位，是一个高电平。我们就可以通过 X0 这个 I/O 口的高低电平来判断是否有按键被按下。

2.2.2 MCS-51 单片机并行 I/O 接口结构

在 2.1 节中，I/O 口作为输出口时，只需要在程序中将 P0.0 端口设为低电平即可点亮 LED 灯，将 P0.0 端口设为高电平即可熄灭 LED 灯。STC89C52 单片机的输入功能比输出功能稍微复杂一些，在使用之前需进行一些设置，否则有可能无法准确识别输入端口电平。下面分别介绍单片机的 4 个 8 位并行 I/O 接口。

1. P0 口

图 2.15 所示为 P0 口的位结构图，它由一个输出锁存器、两个三态缓冲器、一个输出驱动电路和一个输出控制电路组成。其中，输出驱动电路由一对场效应管组成，其工作状态受输出控制电路控制。

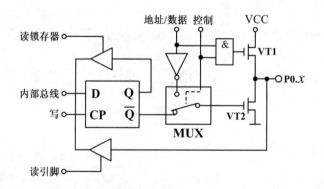

图 2.15 P0 口结构

当从 P0 口输出地址/数据信息时，控制信号应为高电平 1，模拟转换开关（MUX）把地址/数据信息经反相器与下拉场效应管 VT2 接通，同时打开输出控制电路的与门。输出的地址/数据信息通过与门驱动反相器与上拉场效应管 VT1，又通过反相器驱动 VT2。例如，若地址/数据信息为 0，则该 0 信号一方面通过与门使 VT1 截止，另一方面经反相器使 VT2 导通，从而使引脚上输出相应的 0 信号；反之，若地址/数据信息为 1，将使 VT1 导通而使 VT2 截止，引脚上将输出相应的 1 信号。

若 P0 口作为通用 I/O 接口使用，在 CPU 向接口输出数据时，对应的输出控制信号应为 0 信号，MUX 将把输出级与锁存器的 $\overline{Q}$ 端接通。同时，由于与门输出为 0，上拉场效应管 VT1 处于截止状态，因此输出级是漏极开路电路。这样，当写脉冲加在触发器的时钟端 CP 上时，则与内部总线相连的 D 端数据取反后就出现在触发器的 $\overline{Q}$ 端，再经过场效应管反相，在 P0 引脚上出现的数据正好对应于 CPU 内部总线的数据。

当 P0 口作为通用 I/O 口使用时，如果从 P0 口输入数据，则此时上拉场效应管一直处于截止状态。引脚上的外部信号既加在下面一个三态缓冲器的输入端，又加在下拉场效应管的漏极。假定在此之前曾输出锁存数据 0，则下拉场效应管是导通的。这样 P0 引脚上的电位就始终被嵌位在 0 电平，使输入高电平无法读入。因此，P0 作为通用 I/O 接口使用时是准双向口，即输入数据时，应先向 P0 口写 1，使两个场效应管均截止，然后方可作为高阻抗输入。

综上所述，P0 口既可作为地址/数据总线口使用，又可作为通用 I/O 口使用，可驱动 8 个 LS 型 TTL 负载。在访问外部存储器时，P0 口作为地址/数据总线复用口，是双向口，分时送出地址的低 8 位和发送/接收相应存储单元的数据。作为通用 I/O 接口使用时，P0 口是漏极开路的准双向口，需要在外部引脚处接上拉电阻。

图 2.16 是 P0 口输出测试电路，由 2.1 节可知，只要在程序中令 P0.0 端口输出一个高电平 1 就可以点亮 LED 灯，但是实际上在仿真时 P0.0 端口的灯并不能亮，为什么呢，大家思考一下有什么解决办法？

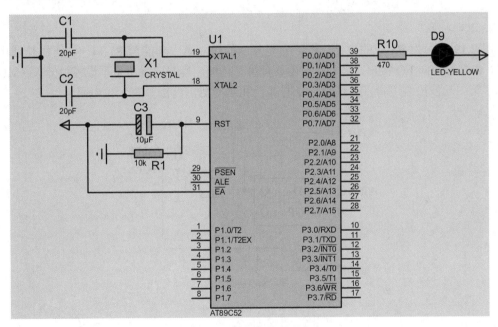

图 2.16　P0 口输出测试电路

2. P2 口

图 2.17 所示为 P2 口的位结构图，它与 P0 口基本相同，为了使逻辑上一致，将锁存器的 Q 端与输出场效应管相连。只是输出部分略有不同，P2 口在输出场效应管的漏极上接有上拉电阻，这种结构不必外接上拉电阻就可以驱动任何 MOS 负载，且只能驱动 4 个 LS 型 TTL 负载。P2 口常用作外部存储器的高 8 位地址口。当不用作地址接口时，P2 口也可作为通用 I/O 口使用，这时它是准双向 I/O 接口。

3. P1 口

图 2.18 所示为 P1 口的位结构图，它与 P2 口基本相同，只是少了一个模拟转换开关（MUX）和一个反相器，无选择电路，且为保持逻辑上的一致，将锁存器的 $\overline{\text{Q}}$ 端与输出场效应管相连。

输出场效应管的漏极上接有上拉电阻，不必外接上拉电阻就可以驱动任何 MOS 负载，带负载能力与 P2 口相同，只能驱动 4 个 LS 型 TTL 负载。P1 口常用作通用 I/O 接口，是准双向 I/O 接口，作为输入口使用时必须先将锁存器置 1，使输出场效应管截止。

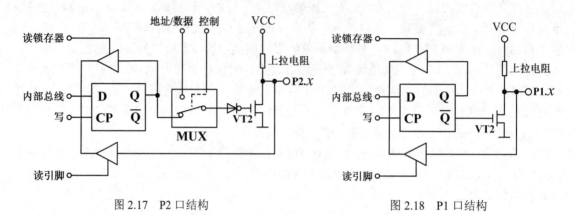

图 2.17　P2 口结构　　　　　　　　图 2.18　P1 口结构

4. P3 口

图 2.19 所示为 P3 口的位结构图，它是双功能口，第一功能与 P1 口一样可用作通用 I/O 接口，也是准双向 I/O 接口。另外，它还具有第二功能。其结构特点是不设模拟开关（MUX），增加了第二功能控制逻辑，多增设一个与非门和缓冲器，内部具有上拉电阻。

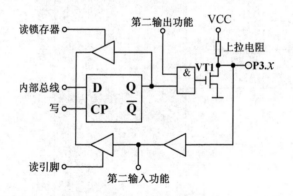

图 2.19　P3 口结构

P3 口作为通用输出口使用时，内部第二功能线应为高电平 1，以保证与非门的畅通，维持从锁存器到输出口数据输出通路畅通无阻，锁存器的内容经 Q 端输出。此时 P3 口的功能和带负载能力与 P1 口相同。P3 口作为第二功能输出口时，锁存器应置高电平 1，保证与非门对第二功能信号的输出是畅通的，从而实现内部第二输出功能的数据经与非门从引脚输出。

P3 口作为输入口使用时，对于第二功能为输入的信号引脚，在 I/O 接口上的输入通路增设了一个缓冲器，输入的第二功能信号即从这个缓冲器的输出端取得。而 P3 口作为通用 I/O 接口输入端时，信号取自三态缓冲器的输出端。因此，无论通用 I/O 接口的输入还是内部第二功能的输入，锁存器的输出端 Q 和内部第二功能线均应置为高电平 1，使与非门输出为 0，这样，驱动电路不会影响引脚上外部数据的正常输入。P3 口工作在第二功能时各引脚定义见表 2.2。

表 2.2 P3 口工作在第二功能时各引脚定义表

引脚	功能	引脚	功能
P3.0	串行数据接收口（RXD）	P3.4	定时器/计数器 0 的外部输入口（T0）
P3.1	串行数据发送口（TXD）	P3.5	定时器/计数器 1 的外部输入口（T1）
P3.2	外部中断 0（$\overline{INT0}$）	P3.6	外部 RAM 写选通信号（$\overline{WR}$）
P3.3	外部中断 1（$\overline{INT1}$）	P3.7	外部 RAM 读选通信号（$\overline{RD}$）

2.2.3 独立按键扫描

单独的按键扫描程序执行后看不到任何现象，为了有个直观的效果，可以将之前的点亮 LED 灯的程序加进来，当 K1 键按下时点亮一个 LED 灯（如板子最右侧的 LED2）。下面围绕这一思路来分析软件代码如何编写。

1. 构建独立按键

由于开发板上没有独立按键，只有一个 4*4 的矩阵键盘，如图 2.20 所示，如何将矩阵键盘变为独立按键呢？

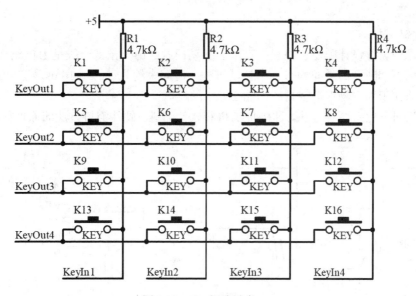

图 2.20 4*4 矩阵键盘

对比独立按键电路和矩阵键盘电路可知，若要将 K1 变为独立按键，只需将 KeyOut1 端接地即可，因此，只要将单片机的 P2.3（KeyOut1 接至 P2.3 端口）输出低电平，通过检测单片机的 P2.4（KeyIn1 接至 P2.4）端口电平状态来判断按键是否按下，就可以将 K1 看成是一个独立按键。

2. 独立式按键的软件设计

在单片机应用系统中主程序一般是循环结构，单片机按键控制系统的主程序流程图如图 2.21 所示。

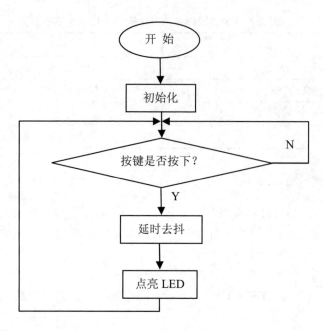

图 2.21　主程序流程图

3. 按键消抖

在键盘的软件设计中还要注意按键的去抖动问题。由于按键一般是由机械式触点构成的，在按键被按下和断开的瞬间均有一个抖动过程，时间大约为 5ms～10ms，这可能会造成单片机对按键的误识别。物理按键抖动如图 2.22 所示。

按键消抖一般有两种方法，即硬件消抖和软件消抖。硬件消抖方法的原理如图 2.23 所示。

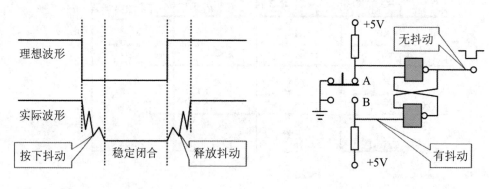

图 2.22　物理按键抖动波形图　　　图 2.23　硬件消抖方法

在软件设计中，当单片机检测到有键按下时，可以先延时一段时间越过抖动过程再对按键识别。

实际应用中，一般希望按键一次按下且单片机只处理一次，但由于单片机执行程序的速度很快，按键一次按下可能被单片机多次处理。为避免此问题，可在按键第一次按下时延时10ms 之后再检测按键是否按下，如果此时按键仍然按下，则确定有按键输入。这样便可以避免按键的重复处理。软件消抖流程图如图 2.24 所示。

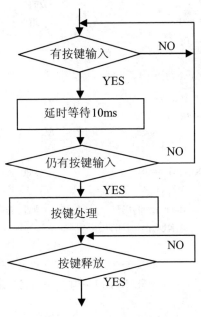

图 2.24　软件消抖流程图

2.2.4　任务实施

```c
#include<reg52.h>                          //包含特殊功能寄存器定义的头文件

sbit LED0=P0^0;                            //位地址声明
sbit ADDR0=P1^0;
sbit ADDR1=P1^1;
sbit ADDR2=P1^2;
sbit ADDR3=P1^3;
sbit ENLED=P1^4;
sbit KeyIn1=P2^4;
sbit KeyOut1=P2^3;

void delay_ms(unsigned int cnt)            //延时函数定义
{
    unsigned char i;
    while(cnt--)
    {
        for(i=0; i<=110; i++);
    }
}

void main()                                //主程序
{
```

```
        KeyIn1 = 1;                      //向输入端口写1，为输入做准备
        KeyOut1 = 0;                     //将 K1 作为独立按键使用
        ENLED = 0;
        ADDR3 = 1;
        ADDR2 = 1;
        ADDR1 = 1;
        ADDR0 = 0;
        while(1)
        {
            if(KeyIn1 == 0)              //判断 K1 键是否按下
            {
                delay_ms(10);            //延时去抖
                if(KeyIn1 == 0)
                {
                    LED0 = 0;            //点亮 LED 灯
                    while(KeyIn1==0);    //等待按键释放
                }
            }
        }
    }
```

　　程序写完以后，按照 Keil 写程序的过程操作：建立工程→保存工程→建立文件→添加文件到工程→编写程序→编译→下载程序。程序下载完成以后，可以发现，按下 K1 键，开发板上最右侧的 LED 灯（LED2）点亮。

　　思考：

　　1. 编程实现 8 个 LED 灯循环点亮（即 LED 流水灯）功能。

　　2. 编程实现如下功能：第一次按 K1 键，LED2 亮，第二次按 K1 键，LED2 灭，如此反复。

项目三　数码管基础与矩阵键盘扫描

项目描述：单片机项目开发过程中经常要用到"0～9"的数字显示，如：显示实时时钟，显示检测到的温度、电压等。数码管是实现"0～9"的数字显示的最简单的元件，其结构简单、价格便宜、驱动程序编写容易，因此得到广泛应用。本项目通过编程扫描 4*4 矩阵键盘，并将键值编号（0～F）显示在数码管上。

3.1　任务一：认识数码管

3.1.1　数码管的基本介绍

常见的数码管的原理图如图 3.1 所示。

从图 3.1 可以看出，数码管共有 a、b、c、d、e、f、g、dp 这 8 个段，而实际上，这 8 个段每一段都是一个 LED 小灯，所以一个数码管是由 8 个 LED 小灯组成的。其内部结构示意图如图 3.2 所示。

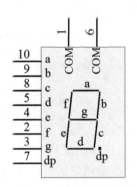

图 3.1　数码管原理图

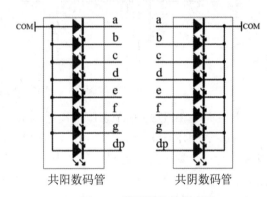

共阳数码管　　　　共阴数码管

图 3.2　数码管结构示意图

数码管分为共阳和共阴两种，共阴数码管就是 8 只 LED 小灯的阴极是连接在一起的，阴极是公共端，使用时将公共端接低电平，由阳极来控制单个小灯的亮灭，阳极给高电平时相应段亮，给低电平时相应段灭。同理，共阳数码管就是阳极接在一起，阳极是公共端，使用时将公共端接高电平，由阴极来控制单个小灯的亮灭，阴极给低电平时相应段亮，给高电平时相应段灭。图 3.1 的数码管上边的 2 个 COM 是数码管的公共端，为什么有 2 个呢，一方面是 2 个可以起到对称的效果，刚好是 10 个引脚，另一方面，公共端通过的电流较大，并联电路电流之和等于总电流，用 2 个 COM 可以把公共电流平均到 2 个引脚上去，降低单条线路承受的电流。

从开发板的电路图上能看出来，所用的数码管都是共阳数码管，一共有 6 个，如图 3.3 所示。

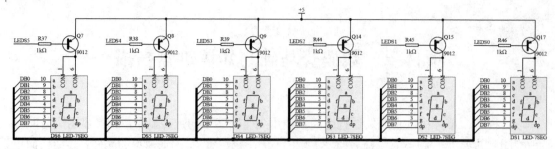

图 3.3　KST-51 数码管电路

6 个数码管的 COM 都是接到了正极上，和 LED 小灯电路一样，也是由 74HC138 控制三极管的导通来控制整个数码管的使能。先来看最右边的 DS1 这个数码管。从原理图上可以看出，控制 DS1 的三极管是 Q17，控制 Q17 的引脚是 LEDS0，对应到 74HC138 上边就是 U3 的 Y0 输出，如图 3.4 所示。

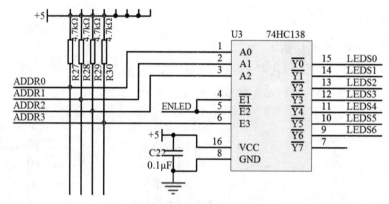

图 3.4　74HC138 控制图

现在的目的是让 LEDS0 这个引脚输出低电平，由图 3.4 可知五个控制管脚电平状态分别为：ADDR0=0，ADDR1=0，ADDR2=0，ADDR3=1，ENLED=0；数码管通常是用来显示数字的，开发板上有 6 个数码管，习惯上称之为六位数码管，那控制位选择的就是 74HC138 了。而对于数码管内部的 8 个 LED 小灯，我们称之为数码管的段，那么数码管的段选择（即该段的亮灭）是通过 P0 口控制的，经过 74HC245 驱动。

3.1.2　数码管真值表

数码管的 8 个段，可以直接当成 8 个 LED 小灯来控制，那就是 a、b、c、d、e、f、g、dp 一共 8 个 LED 小灯。通过图 3.1 可以看出，如果点亮 b 和 c 这两个 LED 小灯，也就是数码管的 b 段和 c 段，其他所有段都熄灭的话，就可以让数码管显示出数字 1，那么这个时候实际上 P0 的值就是 0b11111001，十六进制就是 0xF9。我们写一个程序进去，来看一看数码管显示的效果。

```
#include <reg52.h>
sbit ADDR0 = P1^0;
sbit ADDR1 = P1^1;
sbit ADDR2 = P1^2;
```

```
        sbit ADDR3 = P1^3;
        sbit ENLED = P1^4;
        void main()
        {
            ENLED = 0;          //使能 U3，选择数码管 DS1
            ADDR3 = 1;
            ADDR2 = 0;
            ADDR1 = 0;
            ADDR0 = 0;
            P0 = 0xF9;          //点亮数码管段 b 和 c
            while (1);
        }
```

把上面这个程序编译一下，并下载到单片机中，就可以看到程序运行的结果是在最右侧的数码管上显示了一个数字 1。

用同样的方法，可以把其他的数字字符都在数码管上显示出来，而数码管显示的数字字符对应给 P0 的赋值，叫做数码管的真值表。下面来列一下我们这个电路图的数码管真值表，如表 3.1 所示。

表 3.1　共阳数码管真值表

	字符	0	1	2	3	4	5	6	7
不带小数点	数值	0xC0	0xF9	0xA4	0xB0	0x99	0x92	0x82	0xF8
	字符	8	9	A	B	C	D	E	F
	数值	0x80	0x90	0x88	0x83	0xC6	0xA1	0x86	0x8E
带小数点	字符	0.	1.	2.	3.	4.	5.	6.	11.
	数值	0x40	0x79	0x24	0x30	0x19	0x12	0x02	0x78
	字符	8.	9.	A.	B.	C.	D.	E.	F.
	数值	0x00	0x10	0x08	0x03	0x46	0x21	0x06	0x0E

共阴数码管的公共端接低电平，相应的段给高电平时 LED 被点亮，低电平时 LED 灯熄灭，与共阳数码管刚好相反，因此，可推导出共阴数码管真值表，如表 3.2 所示。

表 3.2　共阴数码管真值表

	字符	0	1	2	3	4	5	6	7
不带小数点	数值	0x3F	0x06	0x5B	0x4F	0x66	0x6D	0x7D	0x07
	字符	8	9	A	B	C	D	E	F
	数值	0x7F	0x6F	0x77	0x7C	0x39	0x5E	0x79	0x71
带小数点	字符	0.	1.	2.	3.	4.	5.	6.	11.
	数值	0xBF	0x86	0xDB	0xCF	0xE6	0xED	0xFD	0x87
	字符	8.	9.	A.	B.	C.	D.	E.	F.
	数值	0xFF	0xEF	0xF7	0xFC	0xB9	0xDE	0xF9	0xF1

大家可以把上边那个用数码管显示数字 1 的程序中 P0 的赋值修改成表 3.1 中其他的数值，看看显示的数字的效果。

3.1.3　数码管的静态显示

LED 数码管显示器的工作方式有静态和动态两种显示方式。

静态显示的各数码管在显示过程中持续得到送显信号，与各数码管接口的 I/O 口线是专用的，如图 3.5 所示。其特点是显示稳定，无闪烁，用元器件多，占 I/O 线多，无须扫描。系统运行过程中，在需要更新显示内容时，CPU 才去执行显示更新子程序，这可节省 CPU 时间，提高 CPU 的工作效率，编程简单。

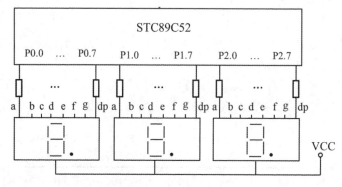

图 3.5　数码管静态显示电路

动态显示方式是指一位一位地轮流点亮每位显示器，与各数码管接口的 I/O 口线是共用的，如图 3.6 所示。其特点是有闪烁，用元器件少，占 I/O 线少，必须扫描，花费 CPU 时间，编程复杂。

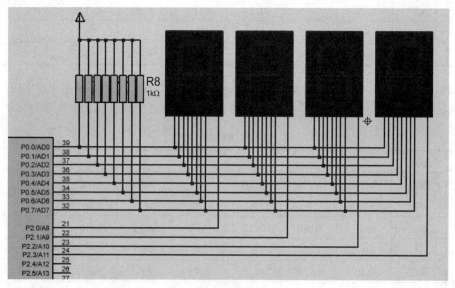

图 3.6　数码管动态显示电路

本节主要讨论数码管的静态显示方式，动态显示方式在项目四再做介绍。

　　静态显示如同 74HC138 在同一时刻只能让一个输出口为低电平，也就是说在一个时刻内，只能使能一个数码管，并根据给出的 P0 的值来改变这个数码管的显示字符，大家可以将此理解为数码管的静态显示。数码管静态显示是对应动态显示而言的，静态显示对于一两个数码管还行，对于多个数码管，静态显示实现的意义就没有了。下面编程实现数码管静态循环显示字符 0～F，为项目四的动态显示打下基础。

　　先来介绍一个 51 单片机的关键字 code。前面定义变量的时候，一般用到 unsigned char 或者 unsigned int 这两个关键字，这样定义的变量都是放在单片机的 RAM 中，在程序中可以随意去改变这些变量的值。但是还有一种数据，在程序中要使用，但是却不会改变它的值，定义这种数据时可以加一个 code 关键字修饰一下，这个数据就会存储到程序空间 Flash ROM 中，这样可以大大节省单片机的 RAM 的使用量，毕竟单片机 RAM 空间比较小，而程序空间则大得多。那么现在要使用数码管真值表，只需使用它们的值，而不需要改变它们，就可以用 code 关键字把它放入 Flash ROM 中了，具体程序代码如下。

```
#include <reg52.h>
sbit ADDR0 = P1^0;
sbit ADDR1 = P1^1;
sbit ADDR2 = P1^2;
sbit ADDR3 = P1^3;
sbit ENLED = P1^4;

unsigned char code LedChar[] = {      //用数组来存储数码管的真值表
0xC0, 0xF9, 0xA4, 0xB0, 0x99, 0x92, 0x82, 0xF8,
0x80, 0x90, 0x88, 0x83, 0xC6, 0xA1, 0x86, 0x8E
};

void delay_ms(unsigned int cnt)          //延时函数定义
{
    unsigned char i;
    while(cnt--)
    {
        for(i=0; i<=110; i++);
    }
}

void main()
{
    unsigned cnt=0;          //定义变量，用于控制循环显示
    ENLED = 0;               //使能 U3，选择数码管 DS1
    ADDR3 = 1;
    ADDR2 = 0;
    ADDR1 = 0;
    ADDR0 = 0;
```

```
        while (1)
        {
            P0=LedChar[cnt];
              cnt++;
            delay_ms(1000);      //延时 1 秒
            if(cnt==16)
            {
                cnt = 0;
            }
        }
    }
```

把上面这个程序编译一下，并下载到单片机中，就可以看到程序运行的结果是在最右侧的数码管上循环显示 0～F。

修改延时子程序中的参数，将延时时间改短，如：将延时 1 秒改为延时 10 毫秒，重新编译下载程序，观察实验现象，并分析产生该实验现象的原因。

3.2 任务二：矩阵键盘扫描

3.2.1 结构和工作原理

当输入部分有多个按键时，若仍然采用独立键盘，必然会占用大量的 I/O 口，采用矩阵键盘是一种比较节省资源的方法。矩阵式键盘又称行列式键盘，往往用于按键数量较多的场合。矩阵式键盘的按键设置在行与列的交点上。

开发板上是一个 4*4 的矩阵键盘，如图 3.7 所示，共有 16 个按键，按 4*4 的矩阵式排列，键号依次设为 0～F。单片机的 P2.0～P2.3 为输出口，连接 4 条行线；P2.4～P2.7 为输入口，连接 4 条列线。

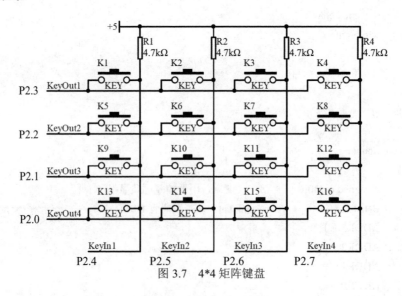

图 3.7 4*4 矩阵键盘

需确定键盘上哪一个键被按下可以采用逐行扫描或逐列扫描的方法，称为行（列）扫描法。其工作过程如下：

（1）先将全部行线置为低电平，然后通过列线接口读取列线电平，判断键盘中是否有按键被按下。

（2）判断闭合键的具体位置。在确认键盘中有按键被按下后，再将列线全部置为低电平，检测各行的电平状态，若某行为低电平，则该行与步骤（1）中读取到的低电平的列线相交处的按键即为闭合按键。

（3）综合上述两步的结果，即可确定出闭合键所在的行和列，从而识别出所按下的键。

3.2.2 软件设计思路

矩阵式键盘的扫描常采用编程扫描方式、定时扫描方式或中断扫描方式，无论采用哪种方式，都要编制相应的键盘扫描程序。在键盘扫描程序中一般要完成以下几个功能：

（1）判断键盘上有无按键被按下。

（2）消去键的机械抖动影响。

（3）求所按键的键号。

（4）转向键处理程序。

在编程扫描方式中，只有当单片机空闲时，才执行键盘扫描任务。一般是把键盘扫描程序编成子程序，在主程序循环执行时调用。在主程序执行任务太多或执行时间太长时，按键的反应速度会变慢。

在定时扫描方式中单片机可以定时对键盘进行扫描，方法是利用单片机内部定时器，每隔一定的时间就产生定时中断，CPU 响应中断后对键盘进行扫描，并在有按键被按下时进行处理。

在中断扫描方式中，当键盘上有按键被按下时产生中断申请，单片机响应中断后，在中断服务程序（Interrupt Service Routine，ISR）中完成键扫描、识别键号并进行键功能处理。

以上几种键盘扫描方式只是转入键盘扫描程序的方式不同，而键盘扫描程序的设计方法是类似的。

下面以编程扫描方式为例介绍矩阵键盘扫描程序。通过编程扫描 4*4 矩阵键盘，并将得到的键值编号（0～F）通过开发板上最右边的数码管 DS1 显示出来。

矩阵式按键的软件设计与独立式按键不同的只是按键的识别方法不同。在矩阵式按键的扫描程序中，要对按键逐行逐列地扫描，得到按下键的行列信息，然后还要将其转换成键号，以便据此转到相应的键处理程序。

按键扫描子函数中，先将 4 条行线输出低电平，将 4 条列线作为输入，读取列线电平状态，若 4 条列线中出现了低电平，则判断有按键被按下，延时 10ms 之后再读取列线状态判断是否有键被按下。若仍然有按键被按下，则将列线输出低电平，将行线作为输入，读取行线状态，综合读取到的行、列状态编码得到按键位置，从而判断出键值，否则认为是按键抖动。程序流程图如图 3.8 所示。

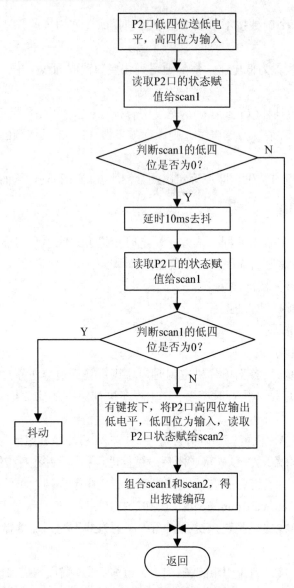

图 3.8 矩阵键盘扫描流程图

3.2.3 任务实施

```c
#include<reg52.h>              //包含特殊功能寄存器定义的头文件
                              //定义数码管显示相关的 I/O 接口

sbit ADDR0=P1^0;
sbit ADDR1=P1^1;
sbit ADDR2=P1^2;
sbit ADDR3=P1^3;
sbit ENLED=P1^4;
unsigned char code LedChar[] = {   //共阳数码管显示"0~F"的真值表, 0xbf 让数码管显示"-"
    0xc0, 0xf9, 0xa4, 0xb0, 0x99, 0x92, 0x82, 0xf8,
```

```
        0x80, 0x90, 0x88, 0x83, 0xc6, 0xa1, 0x86, 0x8e,
        0xbf
        };

unsigned char code KeyCode[] = {    //4*4 矩阵键盘按键编码
        0xE7, 0xD7, 0xB7, 0x77, 0xEB, 0xDB, 0xBB, 0x7B,
        0xED, 0xDD, 0xBD, 0x7D, 0xEE, 0xDE, 0xBE, 0x7E,
        };
void delay_ms(unsigned int cnt);    //延时 cnt 个 ms 的函数声明
void ScanKeyboard();                //键盘扫描程序声明
unsigned char key = 16;             //初始化键值 key=16，即在没有键按下时数码管显示 "-"
void main()
{
        ENLED = 0;                  //使能 74HC138
        ADDR3 = 1;
        ADDR2 = 0;                  //选中最右边的数码管来显示
        ADDR1 = 0;
        ADDR0 = 0;
        while(1)
        {
                ScanKeyboard();     //循环扫描键盘
                P0 = LedChar[key];  //将得到的键值通过 P0 口输出到数码管显示
        }
}
void ScanKeyboard()                 //键盘扫描程序
{
        unsigned char scan1,scan2,keyboard;
        unsigned char i;
        P2 = 0xf0;                  //4 条行线输出低电平，4 条列线作为输出
        scan1 = P2;                 //读取列线状态
        if((scan1&0xf0)!=0xf0)      //判断是否有键按下
        {
                delay_ms(10);       //延时去抖
                scan1 = P2;         //再次读取列线状态
                if((scan1&0xf0)!=0xf0)  //再次判断是否有键按下
                {
                        P2 = 0x0f;              //4 条列线输出低电平，4 条行线作为输出
                        scan2 = P2;             //读取行线状态
                        keyboard = scan1 | scan2;   //组合键值
                        while((P2&0x0f)!=0x0f); //等待按键释放
                        for(i=0;i<=15;i++)      //根据按键编码得出按键编号
                        {
                                if(keyboard == KeyCode[i])
```

```
                        key = i;
                    }
                }
            }
        }

        void delay_ms(unsigned int cnt)
        {
            unsigned char i;
            while(cnt--)
            {
                for(i=0; i<=110; i++);
            }
        }
```

将上述程序编译并下载到单片机中，就可以看到程序运行的结果是当每按下一个按键，其编号（0～F）在最右侧的数码管上显示。

思考：

1．修改数码管静态显示程序，使 6 位数码管先后依次显示"0～5"。

2．修改矩阵键盘扫描程序，当某个键被按下以后用开发板上最右边的 4 个 LED 小灯指示按键编号，灯亮表示高电平，灯灭表示低电平。如："9"号键被按下后，4 个 LED 小灯状态分别为"亮、灭、灭、亮"，表示二进制 1001，即数字 9。

项目四 定时器与数码管动态显示

项目描述：定时器用来实现精确定时，是单片机系统的一个重点，应用十分广泛，大家一定要完全理解并熟练掌握定时器的应用。本项目利用定时器设计一个实时时钟，利用六位数码管分别显示时钟的时、分、秒等信息。

4.1 任务一：定时器的使用

4.1.1 定时器的初步认识

学习定时器之前，先要了解单片机时序中的几个概念：时钟周期、机器周期和指令周期。

时钟周期：时钟周期 T 是时序中最小的时间单位，具体计算的方法就是 1/时钟源频率，KST-51 单片机开发板上用的晶振是 11.0592MHz，那么对这个单片机系统来说，时钟周期为 1/11059200 秒。

机器周期：单片机完成一个操作的最短时间。机器周期主要针对汇编语言而言，在汇编语言下程序的每一条语句执行所使用的时间都是机器周期的整数倍，而且语句占用的时间是可以计算出来的，但 C 语言一条语句的时间是不确定的，受到诸多因素的影响。51 单片机系列，在其标准架构下一个机器周期是 12 个时钟周期，也就是 12/11059200 秒。现在有不少增强型的 51 单片机，其速度都比较快，有的 1 个机器周期等于 4 个时钟周期，有的 1 个机器周期就等于 1 个时钟周期，也就是说，大体上其速度可以达到标准 51 架构的 3 倍或 12 倍。本教材介绍的是标准的 51 单片机，因此后面的项目中如果遇到这个概念，全部是指 12 个时钟周期。

指令周期：执行一条指令（这里指汇编语言指令）所需要的时间称为指令周期，指令周期是时序中的最大单位。由于机器执行不同指令所需时间不同，因此不同指令所包含的机器周期数也不尽相同。51 系列单片机的指令可能包括 1～4 个不等的机器周期。通常，包含一个机器周期的指令称为单周期指令，包含两个机器周期的指令称为双周期指令。指令所包含的机器周期数决定了指令的运算速度，机器周期数越少的指令，其执行速度越快。

这几个概念了解即可，下面来学习定时器和计数器。定时器和计数器是单片机内部的同一个模块，通过配置 SFR（特殊功能寄存器）可以实现两种不同的功能，大多数情况下是使用定时器功能，因此本项目也主要讲定时器功能，计数器功能自己了解下即可。

顾名思义，定时器是用来进行定时的。定时器内部有一个寄存器，开始计数后，这个寄存器的值每经过一个机器周期就会自动加 1，因此，可以把机器周期理解为定时器的计数周期。就像钟表，每经过一秒，数字自动加 1，而这个定时器就是每过一个机器周期的时间，也就是 12/11059200 秒，数字自动加 1。还有一个需要特别注意的地方，就是钟表加到 60 后，秒就自动变成 0 了，这种情况在单片机或计算机里称为溢出。那么定时器加到多少才会溢出呢？后面会讲到定时器有多种工作模式，分别使用不同的位宽（指使用多少个二进制位），假如是 16 位的定时器，也就是 2 个字节，寄存器的最大值就是 65535，那么定时器加到 65535 后，再加 1 就算溢出，如果有其他位数的话，道理是一样的，对于 51 单片机来说，溢出后，这个值会直接变成 0。从某一个初始值开始，经过确定的时间后溢出，这个过程就是定时的含义。

4.1.2 定时器的寄存器

标准的 51 单片机内部有 T0 和 T1 这两个定时器，T 就是 Timer 的缩写，现在很多 51 系列单片机还会增加额外的定时器，在这里先介绍定时器 0 和定时器 1。前边提到过，对于单片机的每一个功能模块，都是由它的 SFR，也就是特殊功能寄存器来控制。与定时器有关的特殊功能寄存器，有以下几个，下面一一介绍。

表 4.1 中的寄存器是存储定时器的计数值的。TH0/TL0 用于 T0，TH1/TL1 用于 T1。表 4.2 是定时器控制寄存器 TCON 的位分配。

表 4.1 定时值存储寄存器

名称	描述	SFR 地址	复位值
TH0	定时器 0 高字节	0x8C	0x00
TL0	定时器 0 低字节	0x8A	0x00
TH1	定时器 1 高字节	0x8D	0x00
TL1	定时器 1 低字节	0x8B	0x00

表 4.2 TCON——定时器控制寄存器的位分配（地址为 0x88、可位寻址）

位	7	6	5	4	3	2	1	0
符号	TF1	TR1	TF0	TR0	IE1	IT1	IE0	IT0
复位值	0	0	0	0	0	0	0	0

TCON 寄存器各个位定义如下：

TF1：定时器 1 溢出标志位。当定时器 1 计满溢出时，硬件使 TF1 置"1"，并且申请中断。进入中断服务程序后，由硬件自动清"0"，在查询方式下用软件清"0"。

TR1：定时器 1 运行控制位。由软件清"0"关闭定时器 1。当门控位 GATE=1，且 INT1 为高电平时，TR1 置"1"启动定时器 1；当门控位 GATE=0，TR1 置"1"启动定时器 1（门控位 GATE 作用见图 4.1）。

TF0：定时器 0 溢出标志。其功能及操作情况同 TF1。

TR0：定时器 0 运行控制位。其功能及操作情况同 TR1。

IE1：外部中断 1 请求标志。

IT1：外部中断 1 触发方式选择位。

IE0：外部中断 0 请求标志。

IT0：外部中断 0 触发方式选择位。

TCON 中低 4 位与中断有关，请参看中断相关知识。

表 4.3 是定时器模式寄存器 TMOD 的位分配。

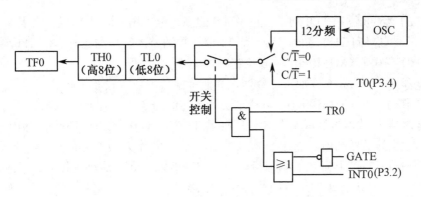

图 4.1　定时器/计数器 T0 方式控制逻辑结构图

表 4.3　TMOD——定时器模式寄存器的位分配（地址为 0x89、不可位寻址）

位	7	6	5	4	3	2	1	0
符号	GATE	C/$\overline{T}$	M1	M0	GATE	C/$\overline{T}$	M1	M0
		T1				T0		
复位值	0	0	0	0	0	0	0	0

由表 4.3 可知，TMOD 的高 4 位用于 T1，低 4 位用于 T0，4 种符号的含义如下：

（1）GATE：门控制位，定时器/计数器的启/停可由软件与硬件两者控制。其逻辑结构如图 4.1 所示。

分析图 4.1 可知：

当 GATE=0 时，定时器/计数器的起停由软件控制，即只由 TCON 中的启/停控制位 TR0/TR1 控制定时器/计数器的启/停。

当 GATE=1 时，定时器/计数器的起停由硬件控制，由外部中断请求信号 $\overline{INT0}$/$\overline{INT1}$ 和 TCON 中的启/停控制位 TR0/TR1 的组合状态控制定时器/计数器的启/停。

（2）C/$\overline{T}$：定时器/计数器选择位。C/$\overline{T}$ =1，为计数器方式；C/$\overline{T}$ =0，为定时器方式。

（3）M1M0：工作方式选择位，定时器/计数器的 4 种工作方式由 M1M0 设定。具体如表 4.4 所示。

表 4.4　定时器/计数器的 4 种工作方式

M1 M0	工作方式	功能描述
0　0	工作方式 0	13 位计数器
0　1	工作方式 1	16 位计数器
1　0	工作方式 2	自动再装入 8 位计数器
1　1	工作方式 3	定时器 0：分成两个 8 位计数器。定时器 1：停止计数

MCS-51 单片机的定时器/计数器共有 4 种工作模式，现以 T0 为例加以介绍，T1 与 T0 的工作原理相同，但在方式 3 下，T1 停止计数。

（1）工作方式 0（M1M0=00，13 位定时器/计数器）

由 TH0 的全部 8 位和 TL0 的低 5 位（TL0 的高 3 位未用）构成 13 位加 1 计数器，当 TL0 低 5 位计数满时直接向 TH0 进位，当全部 13 位计数满溢出时，溢出标志位 TF0 置"1"。

（2）工作方式 1（M1M0=01，16 位定时器/计数器）

由 TH0 和 TL0 构成 16 位加 1 计数器，其他特性与工作方式 0 相同。

（3）工作方式 2（M1M0=10，自动重装计数初值的 8 位定时器/计数器）

16 位定时器/计数器被拆成两个 8 位寄存器 TH0 和 TL0，CPU 在对它们初始化时必须装入相同的定时器/计数器初值。以 TL0 作计数器，而 TH0 作为预置寄存器。当计数满溢出时，TF0 置"1"，同时 TH0 将计数初值以硬件方法自动装入 TL0。这种工作方式很适合那些重复计数的应用场合（如串行数据通信的波特率发生器）。

（4）工作方式 3（M1M0=11，2 个 8 位定时器/计数器，仅适用于 T0）

TL0 可用作 8 位定时器/计数器，使用 T0 原有控制资源 TR0 和 TF0，其功能和操作与方式 0 或方式 1 完全相同。TH0 只能作为 8 位定时器，借用 T1 的控制位 TR1 和 TF1，只能对片内机器周期脉冲计数。在方式 3 模式下，定时器/计数器 0 可以构成两个定时器或者一个定时器和一个计数器。一般情况下，只有在 T1 以方式 2 运行（当波特率发生器用）时，才让 T0 工作于方式 3 下。

观察表 4.2 和表 4.3 可以发现，表 4.2 的 TCON 最后标注了"可位寻址"，而表 4.3 的 TMOD 标注的是"不可位寻址"。主要区别如下：例如 TCON 中有一个位 TR1，可以在程序中直接用 "TR1=1"这样的操作来启动定时器 T1（设门控位 GATE=0）。但对于 TMOD 里的位，比如 (T1)"M1=1"这样的操作就是错误的。要操作就必须一次操作整个字节，也就是必须一次性对 TMOD 所有位操作，不能对其中某一位单独进行操作，如果只修改其中的一位而不影响其他位的值，就必须用按位与、按位或、按位异或等操作来实现，这些操作在后续项目中用到的时候再做介绍。

下面通过一个例子分析如何设置 TMOD 寄存器的值。

【例 4.1】设定时器 1 为定时工作方式，要求软件启动定时器 1 按方式 2 工作。定时器 0 为计数方式，要求由软件启动定时器 0，按方式 1 工作。

怎么来实现这个要求呢？

先分析 TMOD 寄存器各个位的分布图及其含义。

① 控制定时器 1 工作在定时方式或计数方式是哪个位？通过前面的学习可以知道，$C/\overline{T}$ 位（D6）是定时或计数功能选择位，当 $C/\overline{T}$ =0 时定时/计数器就为定时工作方式。所以要使定时器 1 工作在定时器方式就必须使 D6 为 0。

② 设定定时器 1 按方式 2 工作。从表 4.3 中可以看出，要使定时器 1 工作在方式 2，M1(D5)M0(D4)的值必须是 10。

③ 设定定时器 0 为计数方式。与第一个问题一样，定时器 0 的工作方式选择位也是 $C/\overline{T}$ 位（D2），当 $C/\overline{T}$ =1 时，定时器 0 就工作在计数器方式。

④ 由软件启动定时器 0。当门控位 GATE=0 时，定时/计数器的启停就由软件控制。

⑤ 设定时器 0 工作在方式 1。使定时器 0 工作在方式 1，M1(D1)M0(D0)的值必须是 01。

从上面的分析可知，只要将 TMOD 的各个位按规定的要求设置好后，定时器/计数器就会按预定的要求工作。这个例子最后各个位的情况如下：

D7 D6 D5 D4 D3 D2 D1 D0

0 0 1 0 0 1 0 1

二进制数 00100101B=十六进制数 25H。所以执行 TMOD = 0x25 这条指令就可以实现上述要求。

4.1.3 定时器初始化

由于定时器/计数器的功能是由软件编程确定的,所以一般在使用定时/计数器前都要对其进行初始化,使其按设定的功能工作。初始化的步骤一般如下:

(1)确定工作方式(即对 TMOD 赋值)。

(2)预置定时或计数的初值(可直接将初值写入 TH0、TL0 或 TH1、TL1)。

(3)根据需要开放定时器/计数器的中断(直接对 IE 寄存器中相应位赋值,讲中断相关内容时再做介绍)。

(4)启动定时器/计数器(若已规定用软件启动,则可把 TR0 或 TR1 置"1";若已规定由外中断引脚电平启动,则需给外引脚加启动电平。当实现了启动要求后,定时器即按规定的工作方式和初值开始计数或定时)。

下面介绍确定定时/计数器初值的具体方法。

因为在不同工作方式下计数器位数不同,因而最大计数值也不同。

现假设最大计数值为 M,那么各方式下的最大值 M 值如下:

方式 0: $M = 2^{13} = 8192$ (4.1)

方式 1: $M = 2^{16} = 65536$ (4.2)

方式 2: $M = 2^8 = 256$ (4.3)

方式 3:定时器 0 分成两个 8 位计数器,所以两个 M 均为 256。

因为定时器/计数器是做"加 1"计数,并在计数满溢出时产生中断,因此初值 X 计算公式为:

$$X = M - C$$ (4.4)

其中,C 为计数器记满回零所需的计数值,即设计任务要求的计数值。

【例 4.2】初始化定时器,使 T1 工作在方式 1 用于定时,在 P1.1 输出周期为 1ms 方波,已知晶振频率 f_{OSC}=6MHz。

解:根据题意,T1 工作在方式 1,则 M1(D5)M0(D4)=01;T1 用于定时,则 $C/\overline{T}$ =0;此例中用软件启动 T1,所以 GATE=0。在此 T0 不用,方式字可任意设置,只要不使其进入方式 3 即可,一般取 0,故 TMOD=10H。

要得到 1ms 的方波信号,只要使 P1.1 每隔 500μs 取反一次即可得到 1ms 的方波,因而 T1 的定时时间为 500μs。

机器周期:

$$T = 12/f_{OSC} = 12/(6 \times 10^6) = 2\mu s$$ (4.5)

设初值为 X,则:

$$(2^{16} - X) \times 2 \times 10^{-6}s = 500 \times 10^{-6}s$$ (4.6)

$$X = 2^{16} - 250 = 65286 = FF06H$$ (4.7)

因此 TH1=FFH，TL1=06H。

初始化程序如下：

```
TMOD=0x10;                //定时器 1 方式 1
TH1=0xFF;
TL1=0x06;                 //装入时间常数
TR1=1;                    //启动定时器
```

4.1.4 定时器中断

1. 中断的基本概念

中断是指 CPU 在正常运行程序时，由于内部/外部事件或由程序预先安排的事件，引起 CPU 中断正在进行的程序，而转到内部/外部事件或由程序预先安排的事件的程序中，服务完毕后，再返回继续执行被暂时中断的程序的过程。

中断是一种信号，它告诉 CPU 已经发生了某种需要特别注意的事件，需要去处理或为其服务。中断系统是指能够实现中断功能的硬件电路和软件程序。

中断后转向执行的程序叫中断服务程序或中断处理程序。原程序被断开的位置（地址）叫做断点。

发出中断信号的设备称为中断源。中断源要求中断服务所发出的标志信号称为中断请示或中断申请。

中断源向 CPU 发出中断申请，CPU 经过判断认为满足条件，则对中断源做出答复，这叫中断响应。中断响应后就去处理中断源的有关请求，即转去执行中断服务程序。

对于计算机控制系统而言，中断源是多种多样的。不同的机器中断源也有所不同。一般情况，中断包括：外部设备如键盘、打印机等，还有内部定时器、故障源，以及根据需要人为设置的中断源等。

计算机系统引入中断机制后，可以提高 CPU 的工作效率，使 CPU 与多个外设处于并行工作状态，并能对其进行统一管理；可以提高实时数据的处理速度，及时发现并处理报警和故障信息，提高产品的质量和系统的安全性，对系统做出应急处理；可以实现分时操作、同步操作、对硬件的控制等。因此，中断系统在计算机中占有重要的位置，是计算机中必不可少的。

2. 引入中断的主要优点

（1）提高 CPU 工作效率

CPU 工作速度快，外设工作速度慢，形成 CPU 等待，效率降低。设置中断后，CPU 不必花费大量时间等待和查询外设工作。

（2）实现实时处理功能

中断源根据外界信息变化可以随时向 CPU 发出中断请求，若条件满足，CPU 会马上响应，对中断要求及时处理。若用查询方式往往不能及时处理。

（3）实现分时操作

单片机应用系统通常需要控制多个外设同时工作。例如键盘、打印机、显示器、A/D 转换器、D/A 转换器等。这些设备工作有些是随机的，有些是定时的，对于一些定时工作的外设，可以利用定时器，到一定时间产生中断，在中断服务程序中控制这些外设工作。例如动态扫描显示，每隔一定时间，更换显示字位码和字段码。

3. STC89C52 中断源

STC89C52 单片机共有 6 个中断源。分别是：2 个外部中断，即 $\overline{INT0}$ (P3.2)和 $\overline{INT1}$ (P3.3)；4 个片内中断，即定时器 T0 的溢出中断、定时器 T1 的溢出中断、定时器 T2 的溢出中断和串行口中断。这 6 个中断源可以根据需要随时向 CPU 发出中断申请。若外部中断源超过两个，还可以通过一定的方法扩充。

（1）外部中断源

外部中断是由外部信号引起的，请求有两种信号触发方式，即低电平触发和下降沿触发。外部中断请求的这两种信号方式可通过寄存器 TCON 中的 IT0 和 IT1 位状态的值来设定。定时器控制寄存器 TCON 各位定义如表 4.5 所示。

表 4.5　寄存器 TCON 的内容及位地址

TCON	D7	D6	D5	D4	D3	D2	D1	D0
位符号	TF1	TR1	TF0	TR0	IE1	IT1	IE0	IT0
位地址	8FH	8EH	8DH	8CH	8BH	8AH	89H	88H

其中各位的含义如下：

① IT0 和 IT1：外部中断请求触发方式控制位。

IT0(IT1)=1：脉冲触发方式，下降沿有效。

IT0(IT1)=0：电平触发方式，低电平有效。

它们是根据需要由软件来置"1"或"0"。

② IE0 和 IE1：外部中断请求标志位。

当 CPU 在 $\overline{INT0}$ (P3.2)或 $\overline{INT1}$ (P3.3)引脚上采样到有效的中断请求信号时，IE0 或 IE1 位由硬件置"1"。在中断响应完成后转向中断服务时，再由硬件将该位自动清"0"。

③ TF0 和 TF1：定时/计数器溢出中断请求标志位。

TF0(TF1)=1 时，表示对应计数器的计数值已由全 1 变为全 0，计数器计数溢出，相应的溢出标志位由硬件置"1"。计数溢出标志位的使用有两种情况，当采用中断方式时，它作为中断请求标志位来使用，在转向中断服务程序后，由硬件自动清"0"；当采用查询方式时，它作为查询状态位来使用，并由软件清"0"。

④ TR0(TR1)：定时/计数器的运行控制位。

由软件方法使其置"1"或清"0"。

当 TR0(TR1)为 0 时：停止定时/计数器的工作。

当 TR0(TR1)为 1 时：启动定时/计数器的工作。

需要注意的是，若为电平触发方式，则其中断请求信号必须保持低电平直到 CPU 响应此中断请求为止，但在返回主程序前必须采取措施撤销此低电平，否则会造成误中断；若选择为下降沿触发方式，由于每个机器周期采样中断请求信号一次，故中断请求信号的高电平与低电平的持续时间必须各保持一个机器周期上。

（2）定时器溢出中断源

定时/计数器中断由单片机内部定时器产生，属于内部中断。STC89C52 内部有三个 16 位的定时器/计数器 T0、T1 和 T2，最常用的是 T0 和 T1，它们以计数的方法来实现定时或计数。当 STC89C52 作为定时器使用时，其计数信号来自于 CPU 内部的机器周期脉冲，作为计数器使用时，其计数信号来自于 CPU 的 T0(P3.4)、T1(P3.5)引脚。

在启动定时/计数器后，每来一个机器周期或在对应的引脚上每检测到一个脉冲信号时，定时/计数器就加 1 一次，当计数器的值从全 1 变为全 0 时，就去对一个溢出标志位置位，CPU查询到后就知道有定时/计数器的溢出中断的申请。

（3）串行中断源

串行口中断请求是在单片机芯片内部自动发生的，不需在芯片上设置引入端。串行口中断源分为串行口发送中断和串行口接收中断两种。串行中断是为串行数据传送的需要而设置的。每当串行口发送完一组串行数据时，就会使串行口控制寄存器 SCON 中的串行发送中断标志位 TI 置 1，每当串行口接收完一组串行数据时，就会使寄存器 SCON 中的串行接收中断标志位 RI 置 1，作为串行口中断请求标志，产生一个中断请求。串行口控制寄存器 SCON 的内容及位地址如表 4.6 所示。

表 4.6　寄存器 SCON 的内容及位地址

SCON	D7	D6	D5	D4	D3	D2	D1	D0
位符号	SM0	SM1	SM2	REN	TB8	RB8	TI	RI
位地址	9FH	9EH	9DH	9CH	9BH	9AH	99H	98H

其中与中断请求标志有关的位如下：

① TI：串行口发送中断请求标志位。

当发送完一帧串行数据后，由硬件置"1"；在转向中断服务程序后，需要用软件对该位清"0"。

② RI：串行口接收中断请求标志位。

当接收完一帧串行数据后，由硬件置"1"；在转向中断服务程序后，需要用软件对该位清"0"。串行中断请求由 TI 和 RI 的逻辑或得到。就是说，无论是发送标志还是接收标志，都会产生串行中断请求。

SCON 寄存器中其他位用于串行通信，在项目五串行通信相关内容中再做介绍。

4．中断控制

51 系列单片机中断系统的硬件结构如图 4.2 所示。对中断信号进行锁存、屏蔽、优先级控制是通过设置一些特殊功能寄存器来进行的，如寄存器 TCON、SCON、IE 和 IP。TCON、SCON 已经在前面讲述，下面介绍寄存器 IE 与 IP。

（1）中断允许控制寄存器 IE

当某一中断（事件）出现时，相应的中断请求标志位被置位（即中断有效），但该中断请求能否被 CPU 识别，则由中断控制寄存器 IE 的相应位的值来决定，中断控制寄存器 IE 可对各中断源进行开放和关闭的两级控制，其结构如表 4.7 所示。

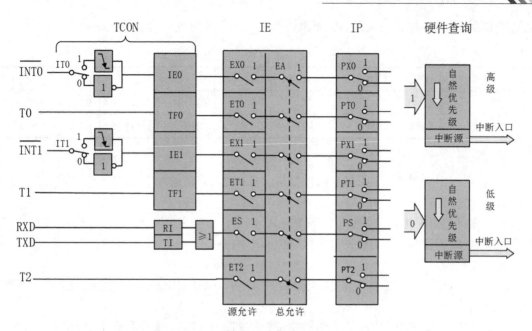

图 4.2　51 系列单片机中断系统结构

表 4.7　寄存器 IE 的内容及位地址

IE	D7	D6	D5	D4	D3	D2	D1	D0
位符号	EA	-	ET2	ES	ET1	EX1	ET0	EX0
位地址	AFH	AEH	ADH	ACH	ABH	AAH	A9H	A8H

其中各位的含义如下：

EA：中断允许/禁止位，它是中断请求的总开关。0 为禁止，1 为允许。当 EA=0 时，将屏蔽所有中断请求。

ES：允许/禁止串行口中断，当 ES 位为 0 时，禁止串行口中断。当 ES 位为 1 时，允许串行口中断。

ET2/ET1/ET0：允许/禁止定时/计数器 T2/T1/T0 中断。当 ET2/ET1/ET0 位为 0 时，禁止定时/计数器 T2/T1/T0 中断，当 ET2/ET1/ET0 位为 1 时，允许定时/计数器 T2/T1/T0 中断。

EX1/EX0：允许/禁止 $\overline{\text{INT0}}$/$\overline{\text{INT1}}$ 中断。当 EX1/EX0 位为 0 时，禁止 $\overline{\text{INT0}}$/$\overline{\text{INT1}}$ 中断，当 EX1/EX0 位为 1 时，允许 $\overline{\text{INT0}}$/$\overline{\text{INT1}}$ 中断。

STC89C52 单片机复位后，将 IE 寄存器清零，单片机处于关中断状态。若要开放中断，必须使 EA=1，且相应中断允许位也为 1。开中断既可使用置位指令，也可使用字节操作指令实现。

（2）中断优先级控制寄存器 IP

单片机的中断系统通常允许多个中断源，当几个中断源同时向 CPU 发出中断请求时，就存在 CPU 优先响应哪一个中断源请求的问题。STC89C52 单片机只有两个中断优先级，即低优先级和高优先级，对于所有的中断源均可由软件设置为高优先级中断或低优先级中断，当寄存器 IP 中相应位的值为 0 时表示该中断源为低优先级，为 1 时表示为高优先级。高优先级中断源可以中断一个正在执行的低优先级中断源的中断服务程序，即可实现两级中断嵌套，但同级或低优先级中断源不能中断正在执行的中断服务程序。寄存器 IP 的内容及位地址如表 4.8 所示。

表 4.8　寄存器 IP 的内容及位地址

IP	D7	D6	D5	D4	D3	D2	D1	D0
位符号	-	-	PT2	PS	PT1	PX1	PT0	PX0
位地址	BFH	BEH	BDH	BCH	BBH	BAH	B9H	B8H

其中各位含义如下：

PT2：定时/计数器 T2 中断优先级控制位。若 PT2=1，则定时/计数器 T2 指定为高优先级，否则为低优先级。

PS：串行口中断优先级控制位。若 PS=1，则串行口指定为高优先级，否则为低优先级。

PT1：定时/计数器 T1 中断优先级控制位。若 PT1=1，则定时/计数器 T1 指定为高优先级，否则为低优先级。

PX1：外部中断 1 中断优先级控制位。若 PX1=1，则外部中断 1 指定为高优先级，否则为低优先级。

PT0：定时/计数器 T0 中断优先级控制位。若 PT0=1，则定时/计数器 T0 指定为高优先级，否则为低优先级。

PX0：外部中断 0 中断优先级控制位。若 PX0=1，则外部中断 0 指定为高优先级，否则为低优先级。

STC89C52 单片机中，当几个同级的中断源提出中断请求，CPU 同时收到几个同一优先级的中断请求时，哪一个请求能够得到服务取决于单片机内部的硬件查询顺序，其硬件查询顺序便形成了中断的自然优先级，CPU 将按照自然优先级的顺序确定该响应哪个中断请求，即 CPU 是按照外部中断 0、定时/计数器 0、外部中断 1、定时/计数器 1、串行口、定时/计数器 2 的顺序依次来响应中断请求，如表 4.9 所示。

表 4.9　中断源和优先次序

中断源	入口地址	中断号	优先级别	说　　明
外部中断 0	0003H	0	高	来自 P3.2 引脚（INT0）的外部中断请求
定时/计数器 0	000BH	1		定时/计数器 T0 溢出中断请求
外部中断 1	0013H	2	↓	来自 P3.3 引脚（INT1）的外部中断请求
定时/计数器 1	001BH	3		定时/计数器 T1 溢出中断请求
串行口	0023H	4		串行口完成一帧数据的发送或接收请求
定时/计数器 2	002BH	5	低	定时/计数器 T2 溢出中断请求

对同时发生多个中断申请时，51 系列单片机中断优先级处理原则可总结如下：

①　不同优先级的中断同时申请：先高后低，即先处理高优先级中断，再处理低优先级中断。

②　相同优先级的中断同时申请：按序执行，即按自然优先级顺序响应中断。

③　正处理低优先级中断又接到高级别中断：高打断低，即单片机暂时停止执行低优先级

中断服务程序，转去处理高优先级的中断服务程序，待高优先级服务程序处理完毕再返回来执行被打断的低优先级的中断服务程序。

④ 正处理高优先级中断又接到低级别中断：高不理低，即单片机继续执行高优先级中断服务程序，待高优先级中断服务程序处理完毕以后再响应低优先级中断服务程序。

5. C51 中的中断函数

C51 中规定，中断服务程序中必须指定对应的中断号，用中断号确定该中断服务程序是哪个中断所对应的中断服务程序。中断源和中断号如表 4.9 所示。

（1）中断服务程序

格式为：

```
void  函数名（参数）interrupt n using m
{
    函数体语句；
}
```

其中：interrupt 后面的 n 是中断号；关键字 using 后面的 m 是所选择的寄存器组，取值范围是 0～3，定义中断函数时，using 是一个可选项，可以省略不用。

STC89C52 的中断过程通过使用 interrupt 关键字和中断号来实现，中断号告诉编译器中断程序的入口地址。入口地址和中断号如表 4.9 所示。

（2）使用中断函数时要注意的问题

① 在设计中断时，要注意的是哪些功能应该放在中断程序中，哪些功能应该放在主程序中。

一般来说中断服务程序应该做最少量的工作，这样做有很多好处。首先系统对中断的反应面更宽了，有些系统如果丢失中断或对中断反应太慢将产生十分严重的后果，这时有充足的时间等待中断是十分重要的。其次这可使中断服务程序的结构简单，不容易出错。中断程序中放入的东西越多，它们之间越容易起冲突。简化中断服务程序意味着软件中将有更多的代码段，但可把这些代码都放入主程序中。中断服务程序的设计对系统的成败有至关重要的作用，要仔细考虑各中断之间的关系和每个中断执行的时间，特别要注意那些对同一个数据进行操作的 ISR。

② 中断函数不能传递参数。

③ 中断函数没有返回值。

④ 若中断函数调用其他函数，则要保证使用相同的寄存器组，否则会出错。

⑤ 中断函数使用浮点运算要保存浮点寄存器的状态。

4.1.5　定时器的应用

【例 4.3】利用定时器 T0 中断控制 KST-51 开发板上的 8 个 LED 灯每秒钟闪烁一次。

解：① 确定 TMOD 寄存器值。

设置 T0 工作在定时模式及工作方式 1 下，起停由 TR0 控制，由 TMOD 寄存器结构可知，其初值为 0x01；

② 确定计数初值。

开发板上使用的晶振为 11.0592MHz，最长定时时间是工作在方式 1 下，其初值为 0 时，此时定时时间为 $(2^{16}-0)\times 12/(11.0592\times 10^{6})=0.0711s$，因此，单纯用定时器无法实现 1s 的定时。

一般采用软件计数器进行设计，设计思想为：定义一个软件计数器变量 cnt，初始化为 0，先用 T0 实现一个 50ms 的定时器，定时时间到之后 LED 灯并不立即闪烁变换（取反 P0），而是将计数器 cnt 的值加 1，如果软件计数器 cnt 值到了 20，再取反 P0，并清除软件计数器中的值，否则直接返回，这样，20 次定时中断后才取反一次 P0，定时时间为 20×50=1000ms=1s。

因此，定时初值可通过如下公式计算：

$$(2^{16}-X)\times12/(11.0592\times10^6)=0.05 \tag{4.8}$$

计算可得，初值 X=19456=0x4C00，可得，TH0=0x4C，TL0=0x00。

③ 确定 IE 寄存器的值。

IE 寄存器中与定时器 T0 中断相关的位有两个：中断总开关 EA 和定时器 T0 中断允许控制位 ET0。要单片机能响应 T0 中断，这两个位都应为 1。

④ 源程序编写。

```c
#include <reg52.h>

sbit ADDR0 = P1^0;
sbit ADDR1 = P1^1;
sbit ADDR2 = P1^2;
sbit ADDR3 = P1^3;
sbit ENLED = P1^4;

unsigned char cnt = 0;        //定义一个计数变量，记录 T0 溢出次数

void main()
{
        ENLED = 0;        //使能 U3，选择独立 LED
        ADDR3 = 1;
        ADDR2 = 1;
        ADDR1 = 1;
        ADDR0 = 0;
        TMOD = 0x01;      //设置 T0 为模式 1
        TH0 = 0x4C;       //为 T0 赋初值 0x4C00
        TL0 = 0x00;
        EA = 1;           //打开中断总开关
        ET0 = 1;          //打开定时器 T0 中断分开关
        TR0 = 1;          //启动 T0
        while (1);        //原地踏步，等待中断
}
void clock() interrupt 1
{
        cnt++;            //每次中断软件计数器加 1
        TH0 = 0x4C;       //重新装载初值，确保下一次中断时间还是 50ms
        TL0 = 0x00;
        if(cnt == 20)     //中断 20 次则 1s 定时时间到，将 P0 取反并清零软件计数单元
```

```
            {
                P0 = ~P0;
                cnt = 0;
            }
        }
```

将上述程序编译一下，并下载到单片机中，观察运行结果并分析。

4.2　任务二：数码管动态显示

4.2.1　动态显示的基本原理

在项目三学习数码管静态显示的时候，74HC138 只导通了一个三极管，控制一个数码管静态显示。由 74HC138 工作原理可知，其只能在同一时刻导通一个三极管，而数码管是靠 6 个三极管来控制，那如何让数码管同时显示呢？这就用到了动态显示的概念。

多个数码管显示数字的时候，实际上是轮流点亮数码管（一个时刻内只有一个数码管是亮的），利用人眼的视觉暂留现象（也叫余晖效应），就可以做到看起来是所有数码管都同时亮了，这就是动态显示，也叫做动态扫描。

例如：有 2 个数码管，要显示"12"这个数字，先让高位的位选三极管导通，然后控制段选让其显示"1"，延时一定时间后再让低位的位选三极管导通，然后控制段选让其显示"2"。把这个流程以一定的速度循环运行就可以让数码管显示出"12"，由于交替速度非常快，人眼识别到的就是"12"这两位数字同时亮了。

那么一个数码管需要点亮多长时间呢？也就是说要多长时间完成一次全部数码管的扫描呢？答案是10ms 以内（很明显：整体扫描时间=单个数码管点亮时间*数码管个数）。即刷新时间小于 10ms，就可以做到无闪烁，这也就是动态扫描的硬性指标。那么有最小值的限制吗？理论上没有，但实际上做到更快的刷新却没有任何进步的意义了，因为已经无闪烁了，再快也还是无闪烁，只是徒然增加 CPU 的负荷而已（因为 1 秒内要执行更多次的扫描程序）。所以，通常设计程序的时候，都是取一个接近 10ms，又比较规整的值就行了。开发板上有 6 个数码管，下面写一个数码管动态扫描的程序，实现并验证上面讲的动态显示原理。

4.2.2　数码管动态显示应用

本节利用定时中断设计一个电子时钟并通过 6 位数码管显示时、分、秒。

1. LED 数码管动态显示驱动方式

数码管动态显示接口是单片机中应用最为广泛的一种显示方式，动态驱动是将所有数码管的 8 个显示笔画"a，b，c，d，e，f，g，dp"的同名端连在一起，另外为每个数码管的公共极 COM 增加位选通控制电路，位选通由各自独立的 I/O 线控制，当单片机输出字形码时，所有数码管都接收到相同的字形码，但究竟是哪个数码管会显示出字形，取决于单片机对位选通 COM 端电路的控制，所以只要将需要显示的数码管的选通控制打开，该位就显示出字形，没有选通的数码管就不会亮。通过分时轮流控制各个数码管 COM 端，各个数码管就可以轮流受控显示，这就是动态驱动。

在轮流显示过程中，每位数码管的点亮时间为 1～2ms，由于人眼的视觉暂留现象及发光二极管的余晖效应，尽管实际上各位数码管并非同时点亮，但只要扫描的速度足够快，给人的印象就是一组稳定的显示数据，不会有闪烁感，动态显示的效果和静态显示是一样的，但动态显示能够节省大量的 I/O 端口，而且功耗更低。

2. 六十进制计数程序设计说明

（1）一位计数方法

两位数计数函数可以采用一位数的计算方法实现，程序非常简单，代码如下：

```
unsigned char time=0      //定义变量 time 为计数值，初值为 0
void calc()               //计数程序
{
    time++;               //计数值加 1
    if(time>59)           //判断计数是否到 59
        time=0;           //到 59，则计数从 0 重新开始
}
```

（2）分别计数方法

两位数计数函数的实现方法还可以在原有的加 1 计算的程序基础上进行改进，即将个位数和十位数分别计数，个位计数每到 9（满 10），向十位进 1，十位就加 1，个位再从 0 开始计数。将计数值从数码管编码表读出且送端口显示数据，并控制个位显示在十位的右边，就完成了两位数的计数显示。其计数程序可以简要写作：

```
int time[]={0,0}          //time[0]用于个位计数，time[1]用于十位计数
void calc()               //计算程序
{
    time[0]++;            //个位计数
    if(time[0]>9)         //判断是否计数到 9
    {
        time[0]=0;        //若计数到 9，则十位加 1，个位重新从 0 开始
        time[1]++;
        if(time[1]>5)     //判断十位是否计数到 5
        {
            time[1]=0     //若十位计数到 5，则计数重新开始
        }
    }
}
```

3. 源程序编写

```
#include<reg52.h>
#define uchar unsigned char
sbit ADDR0=P1^0;
sbit ADDR1=P1^1;
sbit ADDR2=P1^2;
sbit ADDR3=P1^3;
sbit ENLED=P1^4;
```

```
uchar cnt=0;                           //定义一个计数变量，记录 T0 溢出次数
uchar sec=0,min=0,hour=0;              //定义 3 个变量分别存储时、分、秒等信息
unsigned char code LedChar[] = {       //共阳数码管真值表
    0xc0, 0xf9, 0xa4, 0xb0, 0x99, 0x92, 0x82, 0xf8,
    0x80, 0x90, 0x88, 0x83, 0xc6, 0xa1, 0x86, 0x8e,
    0xff };

void delay_ms(unsigned int cnt);       //延时函数声明
void main()
{
    uchar temp;
    ENLED = 0;
    ADDR3 = 1;
    TMOD = 0x01;                        //设置 T0 为模式 1
    TH0 = 0x4C;
    TL0 = 0x00;                         //50ms 定时
    IE = 0x82;                          //允许 T0 中断
    TR0 = 1;                            //启动 T0
    while(1)
    {
        ADDR2 = 0;
        ADDR1 = 0;
        ADDR0 = 0;                      //显示秒的个位
        temp = sec%10;
        P0 = LedChar[temp];
        delay_ms(2);                    //延时 2ms
        ADDR2 = 0;
        ADDR1 = 0;
        ADDR0 = 1;                      //显示秒的十位
        temp = sec/10;
        P0 = LedChar[temp];
        delay_ms(2);                    //延时 2ms
        ADDR2 = 0;
        ADDR1 = 1;
        ADDR0 = 0;                      //显示分钟的个位
        temp = min%10;
        P0 = LedChar[temp];
        delay_ms(2);                    //延时 2ms
        ADDR2 = 0;
        ADDR1 = 1;
        ADDR0 = 1;                      //显示分钟的十位
        temp = min/10;
        P0 = LedChar[temp];
```

```
            delay_ms(2);            //延时 2ms
            ADDR2 = 1;
            ADDR1 = 0;
            ADDR0 = 0;              //显示时钟的个位
            temp = hour%10;
            P0 = LedChar[temp];
            delay_ms(2);            //延时 2ms
            ADDR2 = 1;
            ADDR1 = 0;
            ADDR0 = 1;              //显示时钟的十位
            temp = hour/10;
            P0 = LedChar[temp];
            delay_ms(2);            //延时 2ms
        }
    }

    void clock() interrupt 1        //定时中断函数
    {
        cnt++;
        TH0 = 0x4C;
        TL0 = 0x00;
        if(cnt == 20)
        {
            cnt = 0;
            sec++;                  //cnt=20 表示 1s 时间到了，秒钟加 1
            if(sec == 60)           //当秒钟等于 60，分钟加 1，并且将秒钟清零
            {
                sec = 0;
                min++;
                if(min == 60)       //当分钟等于 60，时钟加 1，并且将分钟清零
                {
                    min=0;
                    hour++;
                    if(hour == 24)  //当时钟等于 24，将时钟清零
                        hour=0;
                }
            }
        }
    }

    void delay_ms(unsigned int cnt)  //延时 cnt 毫秒，延时函数定义
    {
    unsigned char i;
```

```
        while(cnt--)
        {
                for(i=0; i<=110; i++);
        }
        }
```

将上述程序编译一下，并下载到单片机中，观察运行结果并分析。加大延时时间至 1s 左右，观察运行结果并分析产生该现象的原因。

思考：

1．编程设计一个 99.9s～0s 的倒计时器。

2．修改电子时钟程序，实现整点提醒功能（整点的时候用 8 个 LED 闪烁 10s 来提示）。

3．若时、分、秒各采用两位数分别计数的方法设计电子时钟，应怎样设计程序？

项目五　外部中断与串行通信

项目描述：本项目主要介绍单片机外部中断的使用和串行通信数据的收发过程。STC89C52 单片机有两个外部中断输入引脚 P3.2 和 P3.3，本项目的第一部分在 P3.2 引脚接一个独立按键，当按下按键时，触发外部中断，通过编程统计外部中断次数并用数码管显示出来。本项目的第二部分包括串行数据的发送和接收两部分：串行数据发送过程是利用单片机的外部中断程序向 PC 机发送一个字符，利用串口调试助手在 PC 机的调试终端上出现程序中所设定的字符；串行数据的接收过程是通过 PC 机的串口调试助手向单片机发送字符，单片机利用串行口中断接收字符，并将接收到的字符通过数码管显示出来。

5.1　任务一：STC89C52 外部中断

5.1.1　外部中断触发电路

硬件电路如图 5.1 所示，分析电路可知，当按键 S1 没有按下时由于上拉电阻的作用，P3.2 端口为高电平，当按键按下以后，P3.2 端口直接与地相接，因此 P3.2 端口为低电平，因此每按一次按键 S1，P3.2 端口电平都会有一个由高到低的跳变，从而触发外部中断。大家可以思考一下，为什么这里的触发方式不选择低电平触发呢？

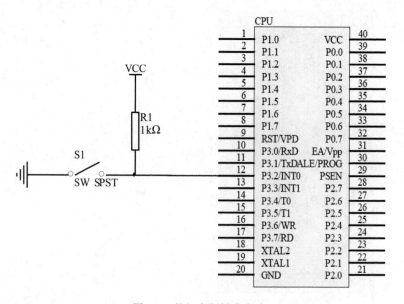

图 5.1　外部中断触发电路

我们的 KST-51 开发板上没有独立按键，因此须将 4*4 矩阵键盘电路做一些变动。

若要将图 5.2 中的按键 K1 应用为图 5.1 中的独立按键 S1，软/硬件需做如下变动：将 KeyOut1

端口接低电平，即程序初始化时将 P2.3 端口输出低电平，此外，还需将 KeyIn1 端口（对应 P2.4 引脚）与 P3.2 引脚相连，在外部中断程序调试之前，需要用一根跳线将 P2.4 引脚与 P3.2 引脚相连。

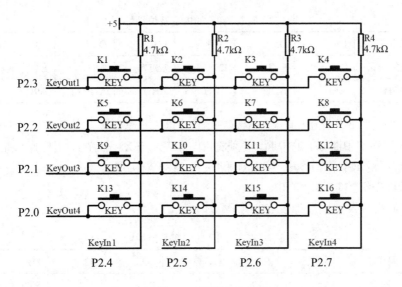

图 5.2　矩阵键盘电路

5.1.2　外部中断初始化

外部中断的初始化主要是对与外部中断相关的寄存器初始化，由项目四中的中断知识可知，与外部中断相关的寄存器有 3 个：TCON、IE、IP。

（1）TCON 寄存器

TCON 寄存器如表 5.1 所示。

表 5.1 中与外部中断有关的位有四个：IT0 和 IT1，IE0 和 IE1。IT0/IT1 用于控制外部中断 0 的触发方式，其含义如下：

　　　　IT0(IT1)=1：脉冲触发方式，下降沿有效。
　　　　IT0(IT1)=0：电平触发方式，低电平有效。

IE0/IE1：外部中断申请标志位（由硬件自动置位，中断响应后转向中断服务程序时，由硬件自动清 0）：

　　　　IE0/IE1=0：没有外部中断申请。
　　　　IE0/IE1=1：有外部中断申请。

表 5.1　寄存器 TCON 的内容及位地址

TCON	D7	D6	D5	D4	D3	D2	D1	D0
位符号	TF1	TR1	TF0	TR0	IE1	IT1	IE0	IT0
位地址	8FH	8EH	8DH	8CH	8BH	8AH	89H	88H

本项目将 P3.2 引脚（对应外部中断 0）的中断输入信号设置为下降沿触发，因此 IT0 应置为 1，由于 TCON 寄存器可以位寻址，为了不影响其他位的设置，可用 IT0=1 来设置，也可

用逻辑或操作 TCON |=0x01 来实现。

（2）IE 寄存器

寄存器 IE 的内容及位地址如表 5.2 所示。

表 5.2 寄存器 IE 的内容及位地址

IE	D7	D6	D5	D4	D3	D2	D1	D0
位符号	EA	-	ET2	ES	ET1	EX1	ET0	EX0
位地址	AFH	AEH	ADH	ACH	ABH	AAH	A9H	A8H

IE 寄存器中与外部中断 0/1 有关的位有三个：中断总开关 EA 和外部中断 0/1 中断允许位 EX0/EX1。要开放外部中断 0/1 的中断，必须将 EA 和 EX0/EX1 都置 1，用位操作指令（EA=1；EX0/EX1=1）或用逻辑操作指令 IE |= 0x81 和 IE |= 0x84 来实现。

（3）中断优先级控制寄存器 IP

寄存器 IP 的内容及位地址如表 5.3 所示。

表 5.3 寄存器 IP 的内容及位地址

IP	D7	D6	D5	D4	D3	D2	D1	D0
位符号	-	-	PT2	PS	PT1	PX1	PT0	PX0
位地址	BFH	BEH	BDH	BCH	BBH	BAH	B9H	B8H

IP 寄存器中与外部中断 0 相关的位为 PX0，可通过语句 PX0=1 将外部中断 0 设置为高优先级，通过语句 PX0=0 将外部中断 0 设置为低优先级。如果项目中只有一个中断，不需要对其优先级设置，单片机复位后 IP=0x00，所有中断优先级都默认为低优先级。

综上所述，本项目外部中断的初始化程序为：

```
IT0 = 1;
EA = 1;
EX0 = 1;
```

5.1.3 外部中断的应用

P3.2 端口接一个独立按键，设置为下降沿触发中断，编程统计外部中断的次数并用两位数码管显示统计结果（当结果达到 100 次，清零重新开始计数）。

在这里需要设计一个全局变量来统计中断次数，初始化为 0，每次中断加 1。外部中断的初始化和独立按键的构建前面已经介绍过了，需要注意的是要用一根跳线将 P2.4 引脚与 P3.2 引脚相连。

参考程序如下：

```
#include<reg52.h>

sbit ADDR0 = P1^0;
sbit ADDR1 = P1^1;
sbit ADDR2 = P1^2;
sbit ADDR3 = P1^3;
```

```
sbit ENLED = P1^4;
sbit KeyOut1 = P2^3;

void delay_ms(unsigned int cnt);
unsigned char code LedChar[] = {
    0xc0, 0xf9, 0xa4, 0xb0, 0x99, 0x92, 0x82, 0xf8,
    0x80, 0x90, 0x88, 0x83, 0xc6, 0xa1, 0x86, 0x8e
    };
unsigned char count = 0;        //定义全局变量 count，用来统计中断次数
void main()
{
    unsigned char dat;
    ADDR3 = 1;
    ENLED = 0;
    KeyOut1 = 0;            //将 K1 键作为独立按键
    EA = 1;                 //中断初始化
    EX0 = 1;
    IT0= 1;                 //下降沿触发中断
    while(1)
    {
        dat = count % 10;   //取中断次数 count 的个位
        ADDR0 = 0;
        ADDR1 = 0;
        ADDR2 = 0;
        P0 = LedChar[dat];
        delay_ms(5);
        dat = count / 10;   //取中断次数 count 的十位
        ADDR0 = 1;
        P0 = LedChar[dat];
        delay_ms(5);
    }
}
void ExInt0() interrupt 0   //外部中断服务程序
{
    count++;                //每中断一次计数值加 1
    if(count == 100)        //中断次数达到 100 后清零重新开始计数
    {
        count = 0;
    }
}

void delay_ms(unsigned int cnt)     //延时函数
{
    unsigned char i;
    while(cnt--)
    {
```

```
                    for(i=0; i<=110; i++);
            }
        }
```

将上述程序编译一下，并下载到单片机中，观察运行结果并分析。

5.2 任务二：串行通信

5.2.1 串行口介绍

1. 串行通信与并行通信

在微型计算机中，通信（数据交换）有两种方式：并行通信和串行通信。

并行通信——指计算机与 I/O 设备之间通过多条传输线交换数据，数据的各位同时进行传送，如图 5.3 所示。

串行通信——指计算机与 I/O 设备之间仅通过一条传输线交换数据，数据的各位按顺序依次一位接一位进行传送，如图 5.4 所示。

应该理解所谓的并行和串行，仅是指 I/O 接口与 I/O 设备之间数据交换（通信）是并行或串行。无论怎样 CPU 与 I/O 接口之间的数据交换总是并行。

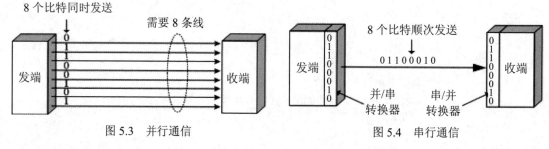

图 5.3　并行通信　　　　　　　图 5.4　串行通信

二者比较：

串行通信的数据传输速率相对较低，但通信距离长，可以从几米到几公里，因此适用于长距离而速度要求不高的场合。电脑上的 9 针座（也称串口）就是串行通信。

并行通信的数据传输速率高，但传输距离短，一般不超过 30 米，而且成本高（要采用多条数据线）。电脑输出数据到打印机采用的就是并行通信。

2. 串行通信的分类与制式

（1）串行通信的分类

串行通信可以分为同步通信（Synchronous Communication）和异步通信（Asynchronous Communication）两类。单片机中主要使用异步通信方式。

（2）串行通信制式

根据信息的传送方向，串行通信可以进一步分为单工、半双工、全双工和多工方式等。

单工方式：在通信过程的任意时刻，信息只能由一方 A 传到另一方 B。这种传输方式的用途有限，常用于串行口的打印数据传输和简单系统的数据采集。

半双工方式：在通信的任意时刻，信息既可由 A 传到 B，又能由 B 传到 A，但只能有一个方向上的传输存在，实际的应用中采用某种协议实现收/发开关转换。

全双工方式：在通信的任意时刻，线路上存在 A 到 B 和 B 到 A 的双向信号传输，但一般全双工传输方式的线路和设备较复杂。

多工方式：为了充分利用线路资源，可通过使用多路复用器或多路集线器，采用频分、时分或码分复用技术，即可实现在同一线路上资源共享功能，这称为多工传输方式。

3. 同步通信与异步通信

异步通信方式中，接收器和发送器有各自的时钟。不发送数据时，数据线上总是呈现高电平，称其为空闲状态。异步通信用 1 帧来表示 1 个字符，其字符帧的数据格式为：1 个起始位 0（低电平），5～8 个数据位（规定低位在前，高位在后），1 个奇偶校验位（可以省略），1～2 个停止位 1（高电平），MCS-51 单片机异步通信数据格式如图 5.5 所示。

异步通信的优点是，不需要传送同步脉冲，可靠性高，所需设备简单；缺点是字符帧中因含有起始位、校验位和停止位而降低了有效数据位的传输速率。

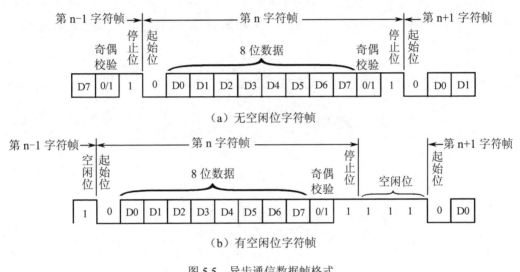

图 5.5 异步通信数据帧格式

同步通信是一种连续串行传送数据的通信方式，一次通信只传送 1 帧信息。这里的信息帧和异步通信中的字符帧不同，通常含有若干个数据字符，如图 5.6 所示。单同步和双同步字符帧均由同步字符、数据字符和校验字符 CRC（Cyclic Redundancy Check，循环冗余校验）三部分组成。其中，同步字符位于帧结构开头，用于确认数据字符的开始。接收时，接收端不断对传输线采样，并把采样到的字符与双方约定的同步字符进行比较，只有比较成功后才把后面接收到的字符加以存储。数据字符在同步字符之后，个数不受限制，由所需传输的数据块长度决定。校验字符有 1～2 个，位于帧结构末尾，用于接收端对接收的数据字符进行正确性校验。

在同步通信中，同步字符可以采用统一标准格式，也可由用户约定。在单同步字符帧结构中，同步字符一般采用 ASCII 码中规定的 SYN 代码 16H。在双同步字符帧结构中，同步字符一般采用国际通用标准代码 EB90H。

同步通信的数据传输速率较高，通常可达 56Mbps 或更高。同步通信的缺点是，要求发送时钟和接收时钟保持严格同步，因此，发送时钟除应和发送波特率保持一致外，还要求把它同时传送到接收端去。

MCS-51 单片机的串行口不能实现同步通信。

同步字符	数据字符 1	数据字符 2	数据字符 3			数据字符 n	CRC1	CRC2

（a）单同步字符帧结构

同步字符 1	同步字符 2	数据字符 1	数据字符 2			数据字符 n	CRC1	CRC2

（b）双同步字符帧结构

图 5.6　同步传送的数据格式

4. 串行接口的结构

（1）数据缓冲寄存器 SBUF

对于两个 SBUF，一个用于发送（只写），一个用于接收（只读），映像地址均为 99H，如图 5.7 所示。

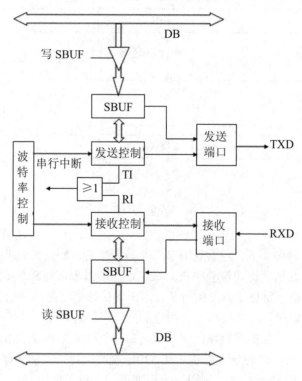

图 5.7　串行接口的结构

（2）数据发送与接收控制

发送控制器在波特率作用下，将"发送 SBUF"中的数据由并到串，一位位地传输到发送端口；接收控制器在波特率作用下，将接收端口的数据由串到并，存入"接收 SBUF"中。

若定义一个 unsigned char 型变量 temp，CPU 执行 SBUF=temp 指令，产生"写 SBUF"脉

冲，把欲发送的字符 temp 送入 SBUF 寄存器中；CPU 执行 temp=SBUF 指令，产生"读 SBUF"脉冲，把 SBUF（接收）寄存器中已接收到的字符送入 temp。

5. MCS-51 的串行接口概述

（1）有一个可编程全双工串行通信接口。

（2）管脚：发送管脚 TXD（P3.1）、接收管脚 RXD（P3.0）。

（3）可同时发送、接收数据（Transmit/Receive）。

（4）有四种工作方式，帧格式有 8、10、11 位。

（5）波特率可设置。

波特率是指每秒传送信号的数量，单位为波特（Baud）。把每秒传送二进制数的信号数（即二进制数的位数）定义为比特率，单位是 bps（bit per second）或写成 b/s，即位/秒。在串行通信中，传送的信号可能是二进制数、八进制数或十进制数等。只有在传送的信号是二进制信号时，波特率才与比特率在数值上相等。对于本教材所描述的串行通信，其传送的信号均为二进制数形式，所以比特率与波特率相等，统一使用波特率描述串行通信的速度，单位采用 bps。

6. MCS-51 串行接口寄存器

（1）串行口数据缓冲器——SBUF

串行口数据缓冲器共 2 个：一个发送寄存器 SBUF，一个接收寄存器 SBUF，二者共用一个地址 99H。

（2）控制寄存器——SCON

串行口控制寄存器 SCON 的结构如表 5.4 所示。

表 5.4　串行口控制寄存器 SCON 的结构

位	7	6	5	4	3	2	1	0
符号	SM0	SM1	SM2	REN	TB8	RB8	TI	RI
复位值	0	0	0	0	0	0	0	0

对各个位的说明如下：

SM0、SM1：串行方式选择位，其定义如表 5.5 所示。

表 5.5　串行口工作方式

SM0　SM1		工作方式	功能	波特率
0	0	方式 0	8 位同步移位寄存器	$f_{osc}/12$
0	1	方式 1	10 位 UART	可变，由定时器控制
1	0	方式 2	11 位 UART	$f_{osc}/64$ 或 $f_{osc}/32$
1	1	方式 3	11 位 UART	可变，由定时器控制

SM2：多机通信控制位，用于方式 2 和方式 3 中。在方式 2 和方式 3 处于接收方式时，当 SM2=1，且接收到的第 9 位 RB8 为 0 时，不激活 RI；当 SM2=1，且 RB8=1 时，则置 RI=1。在方式 2、3 处于接收或发送方式时，若 SM2=0，不论接收到的第 9 位 RB8 为 0 还是为 1，TI、RI 都以正常方式被激活。在方式 1 处于接收方式时，若 SM2=1，则只有收到有效的停止位后，

RI 置 1。在方式 0 中，SM2 应为 0。

REN：允许串行接收位。它由软件置位或清零。REN=1 时，允许接收；REN=0 时，禁止接收。

TB8：发送数据的第 9 位。在方式 2 和方式 3 中，它由软件置位或复位，可做奇偶校验位。在多机通信中，它可作为区别地址帧或数据帧的标识位，一般约定：地址帧时，TB8 为 1，数据帧时，TB8 为 0。

RB8：接收数据的第 9 位。功能同 TB8。

TI：发送中断标志位，用于指示一帧信息发送是否完成，可寻址标志位。工作方式 0 下，发送完 8 位数据后，它由硬件置位，其他工作方式下，在开始发送停止位由硬件置位。TI 置位表示一帧信息发送结束，同时申请中断。可根据需要，用软件查询的方法获得数据已发送完毕的信息，或用中断的方式来发送下一个数据。TI 在发送数据前必须由软件清 0。

RI：接收中断标志位，用于指示一帧信息是否接收完，可寻址标志位。工作方式 0 下，接收完 8 位数据后，该位由硬件置位。其他工作方式下，在接收到停止位的中间时刻它由硬件置位。RI 置位表示一帧数据接收完毕，RI 可供软件查询，或者用中断的方法获知，以决定 CPU 是否需要从 "SBUF（接收）" 中读取接收到的数据。RI 也必须用软件清 0。

（3）电源及波特率选择寄存器 PCON

PCON 主要是为 CHMOS 型单片机的电源控制而设置的专用寄存器，不可以位寻址，字节地址为 87H。其格式如表 5.6 所示。SMOD 为波特率选择位。

表 5.6　电源及波特率选择寄存器 PCON

位符号	SMOD	-	-	-	GF1	GF0	PD	IDL
位地址	8EH	8DH	8CH	8BH	8AH	89H	88H	87H

SMOD：串行通信只用该位，为 1 时，波特率×2；为 0 时波特率不变。

7．STC89C52 串行口的波特率

在串行通信中，收发双方对传送的数据速率，即波特率，要有一定的约定。STC89C52 单片机的串行口通过编程可以有 4 种工作方式。其中，方式 0 和方式 2 的波特率是固定的，方式 1 和方式 3 的波特率可变，由定时器 T1 的溢出率决定，下面加以分析。

（1）方式 0 和方式 2

在方式 0 中，波特率为时钟频率的 1/12，即 $f_{OSC}/12$，固定不变。在方式 2 中，波特率取决于 PCON 中的 SMOD 值，当 SMOD=0 时，波特率为 $f_{OSC}/64$；当 SMOD=1 时，波特率为 $f_{OSC}/32$。即

$$波特率 = \frac{2^{SMOD}}{64} f_{OSC} \tag{5.1}$$

（2）方式 1

方式 1 的波特率是可变的，由定时器 T1 的计数溢出率决定。相应的公式为：

$$波特率 = \frac{2^{SMOD}}{32} \times 定时器T1的溢出率 \tag{5.2}$$

定时器 T1 的计数溢出率计算公式为：

$$定时器T1的溢出率 = \frac{f_{OSC}}{12} \times \frac{1}{2^K - T1_{初值}} \qquad (5.3)$$

式中，K 为定时器 T1 的位数，与定时器 T1 的工作方式有关，则波特率计算公式为：

$$波特率 = \frac{2^{SMOD}}{32} \cdot \frac{f_{OSC}}{12} \cdot \frac{1}{2^K - T1_{初值}} \qquad (5.4)$$

实际上，当定时器 T1 作波特率发生器使用时，通常是工作在模式 2，即为自动重装载的 8 位定时器，此时 TL1 作计数用，自动重装载的值在 TH1 内。设计数的预置值（初始值）为 X，那么每过 256 − X 个机器周期，定时器溢出一次。为了避免因溢出而产生不必要的中断，此时应禁止 T1 中断。溢出周期为：

$$溢出周期 = \frac{12}{f_{OSC}}(256 - X) \qquad (5.5)$$

溢出率为溢出周期的倒数，所以

$$波特率 = \frac{2^{SMOD}}{32} \times \frac{f_{OSC}}{12(256 - X)} \qquad (5.6)$$

（3）方式 3

方式 3 的波特率由定时器 T1 的计数溢出率决定，确定方法与工作方式 1 完全一样。

（4）常用波特率及误差

常用波特率及误差如表 5.7 所示。

表 5.7　常用波特率及误差

晶振频率（MHz）	波特率（b/s）	SMOD	TH1 初值	实际波特率	误差
12.00	9600	1	F9H	8923	7%
12.00	4800	0	F9H	4460	7%
12.00	2400	0	F3H	2404	0.16%
12.00	1200	0	E6H	1202	0.16%
11.0592	19200	1	FDH	19200	0
11.0592	9600	0	FDH	9600	0
11.0592	4800	0	EAH	4800	0
11.0592	2400	0	F4H	2400	0
11.0592	1200	0	E8H	1200	0

由表 5.7 可以看出，当晶振频率为 12MHz 时，实际波特率与标准波特率之间存在一定误差，用串行口进行数据收、发时数据有时会出错。当晶振频率为 11.0592MHz 时，容易获得标准的波特率，并且没有误差，所以很多单片机系统都选用这个看起来很"怪"的晶振频率。

5.2.2　串行口初始化

串行口初始化主要是对相关寄存器的初始化，主要包括 SCON、PCON 的设置以及波特率的设置（一般由定时器 T1 产生），与波特率设置相关的寄存器为 TMOD、TH1、TL1 以及 TCON。

（1）SCON 寄存器

本项目中设置串行口的工作方式为方式 1（SM0SM1=01），10 位异步接收/发送，波特率可变，由定时器控制；允许串行口接收数据（REN 位为 1），其余位为默认设置。因此 SCON 初始化为 0x50。

（2）PCON 寄存器

波特率不倍增，SMOD 为 0，PCON 初始化为 0x00。

（3）TMOD 寄存器

设置定时器 T1 工作在方式 2，自动重新装入计数初值的 8 位定时器/计数器，为串行通信提供波特率，因此 TMOD 初始化为 0x20。

（4）TH1、TL1 寄存器

设置通信波特率为 9600b/s，开发板上晶振为 11.0592MHz，查表 5.7 可得 TH1、TL1 的初值为 0xFD。

（5）TCON 寄存器

TCON 寄存器中只有一位 TR1 在此串行通信中用到，用于启动定时器 T1，TR1 初始化为 1。

5.2.3 串口助手使用说明

下载软件 STC-ISP 带有"串口助手"选项卡，如图 5.8 所示。串口助手有三个区域：接收缓冲区（用于显示串口接收到的字符）、发送缓冲区（用于输入待发送的字符）、多字符串发送区（用于多个字符串循环发送）。在本项目中，按下 P3.2 端口按键后，单片机串口发送一个字符，并出现在接收缓冲区中。

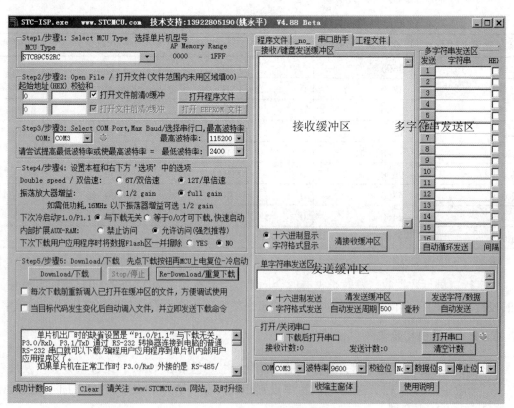

图 5.8　STC-ISP 软件界面

在使用串口助手之前需要在 STC-ISP 软件界面的右下端进行一些相关设置，如图 5.9 所示。

图 5.9　串口设置

COM 口与程序下载的 COM 端口相同，初始化时波特率为 9600b/s，串口工作在方式 1，10 位异步接收/发送，这 10 位包括 1 个起始位、8 个数据位、1 个停止位，因此校验位为 None，无效验。

设置完以后，打开串口，如图 5.10 所示，串口打开以后"关闭串口"按钮右边的绿灯亮，表示串口已经打开，可以进行串行数据的发送与接收。

图 5.10　打开串口界面

5.2.4　串行数据发送

在 P3.2 引脚接一个独立按键，当按下按键时，触发外部中断，单片机的外部中断程序开始向 PC 机发送一个字符，利用串口调试助手在 PC 机的调试终端上出现程序中所设定的字符。需要注意的是将矩阵键盘中的 K1 键变为独立按键使用时要将 P2.3 端口输出低电平，同时要用一根跳线将 P2.4 引脚与 P3.2 引脚相连。

参考程序如下：

```
#include<reg52.h>
sbit KeyOut1=P2^3;

void main()
{
    KeyOut1 = 0;        //P2.3 端口输出低电平，将 K1 作为独立按键使用
                        //外部中断初始化
    EA = 1;
    ET0 = 1;
    IT0 = 1;
    SCON = 0x50;        //串行口初始化
    TMOD = 0x20;
    PCON = 0x00;
    TH1 = 0xFD;
    TL1 = 0xFD;
    TR1 = 1;
    while(1);
}

void ExInt0() interrupt 0     //外部中断函数，用来发送字符到 PC 机
```

```
    {
        SBUF = 0x01;           //发送字符 0x01
        while(TI == 0);        //等待发送完成
        TI = 0;                //清除发送中断标志位
    }
```

将上述程序编译一下，并下载到单片机中，观察运行结果会发现，有时候按下 K1 键以后接收缓冲区接收了多个字符 0x01，主要原因是由于按键抖动，导致每次按键触发了多次外部中断，可将上述程序中断方式改为查询方式，当 P3.2 端口键按下以后经延时去抖，等待按键释放等处理过程完成后再发送字符 0x01，这样就能确保每按一次 P3.2 端口的按键，发送一次字符 0x01，程序如下：

```
#include<reg52.h>
#define uchar unsigned char
sbit KeyOut1=P2^3;
sbit KeyIn1 = P2^4;
void delay_ms(unsigned int cnt);
void main()
{
    uchar recData=0;
    KeyOut1 = 0;           //P2.3 端口输出低电平，将 K1 作为独立按键使用
    KeyIn1 = 1;            //P2.4 端口作为输入端口
    SCON = 0x50;           //串行口初始化
    TMOD = 0x20;
    PCON = 0x00;
    TH1 = 0xFD;
    TL1 = 0xFD;
    TR1 = 1;
    while(1)
    {
        if(KeyIn1 == 0)            //检测 P2.4 端口按键是否按下
        {
            delay_ms(10);         //延时去抖
            if(KeyIn1 == 0)       //再次检测 P2.4 端口按键是否按下
            {
                while(KeyIn1 == 0);   //等待按键释放
                SBUF = 0x01;          //发送字符
            }
        }
    }
}

void delay_ms(unsigned int cnt)    //延时函数
{
```

```
        unsigned char i;
        while(cnt--)
        {
            for(i=0; i<=110; i++);
        }
    }
```

将上述程序编译一下，并下载到单片机中，观察运行结果并分析其与采用外部中断方式发送字符的区别。

5.2.5　串行数据接收

编写串口接收程序，利用 PC 机向单片机发送字符，并通过两位数码管将接收到的字符显示出来。

对于串行数据的接收，PC 机是主动方，单片机是被动接收方，什么时候发送数据由 PC 机决定。但是 PC 发送数据后，单片机应该能立即接收数据，因此可以采用串行口中断来接收数据，当 PC 机发送数据时，单片机的串行口接收完数据后使得接收中断标志位 RI 置 1，产生串行口中断。

参考程序如下：

```
#include<reg52.h>
sbit ADDR0 = P1^0;          //定义数码管显示相应端口
sbit ADDR1 = P1^1;
sbit ADDR2 = P1^2;
sbit ADDR3 = P1^3;
sbit ENLED = P1^4;
void delay_ms(unsigned int cnt);
unsigned char code LedChar[] = {        //数码管真值表
    0xc0, 0xf9, 0xa4, 0xb0, 0x99, 0x92, 0x82, 0xf8,
    0x80, 0x90, 0x88, 0x83, 0xc6, 0xa1, 0x86, 0x8e
    };
unsigned char temp = 0;     //定义全局变量 temp，用来保存接收到的数据
void main()
{
    unsigned char dat;
    ADDR3 = 1;              //使能 74HC138，为数码管显示做准备
    ENLED = 0;
    EA = 1;                 //打开中断开关
    ES = 1;
    SCON = 0x50;            //串口初始化
    PCON = 0x00;
    TMOD = 0x20;
    TH1 = 0xFD;
    TL1 = 0xFD;
    TR1 = 1;
```

```
                while(1)                    //循环刷新显示接收到的数据
                {
                    dat = temp % 16;        //取接收到数据的低 4 位
                    ADDR0 = 0;
                    ADDR1 = 0;
                    ADDR2 = 0;
                    P0 = LedChar[dat];      //选中最右边的数码管显示接收数据的低 4 位
                    delay_ms(5);            //延时 5ms，用于动态显示刷新
                    dat = temp / 16;        /取接收到数据的高 4 位
                    ADDR0 = 1;
                    P0 = LedChar[dat];      //选中右边第 2 位数码管显示接收数据的高 4 位
                    delay_ms(5);            //延时 5ms，用于动态显示刷新
                }
        }
        void uart() interrupt 4             //串行口中断函数
        {
            temp = SBUF;                    //将接收缓冲区的数据读出，存入 temp 变量中
            RI = 0;                         //清除接收中断标志位，这条语句一定不能少
        }
        void delay_ms(unsigned int cnt)     //延时函数
        {
            unsigned char i;
            while(cnt--)
            {
                for(i=0; i<=110; i++);
            }
        }
```

将上述程序编译一下，并下载到单片机中，用串口助手发送一个字符，观察数码管显示的字符是否与串口助手发送的字符相同。另外，将串口中断函数中的"RI = 0;"语句删掉，重新编译下载并观察运行结果，分析产生这种结果的原因。

思考：

1. 编写程序，用外部中断控制八盏 LED 灯循环点亮，即每按下一次外部中断按键，点亮一盏 LED 灯，依次循环。

2. 如何修改串行口发送程序，同时发送多个字符？

3. 修改串行口接收程序，通过串口助手发送一个字符到单片机，单片机接收以后将字符回传给 PC 机，PC 机在接收缓冲区可以查看到 PC 机发送的字符。

项目六　LCD1602 显示原理及实现

项目描述：数码管显示的内容十分有限，只能显示 0～9 的数字及几个简单的字母，当要显示文字、图形或输出信息量比较大时用数码管无法满足要求，必须采用液晶显示器来实现。本项目利用 LCD1602 显示"Hello！""Good morning！"等字样，并显示项目四所设计的实时时钟。

6.1　任务一：了解液晶显示器

6.1.1　LCD1602 字符型液晶显示模块的基本组成

LCD1602 液晶点阵字符显示器用 5*7 点阵图形来显示西文字符。单片机通过写控制方式访问并驱动控制器来实现对显示屏的控制。LCD1602 字符型液晶显示模块主要由三部分组成：LCD 控制器、LCD 驱动器、LCD 显示装置，如图 6.1 所示，主要技术参数如表 6.1 所示。

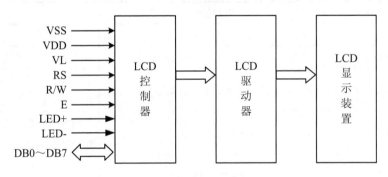

图 6.1　LCD1602 字符型液晶显示模块组成

表 6.1　LCD1602 主要技术参数

名称	主要技术参数
显示容量	16*2 个字符
芯片工作电压	4.5～5.5V
工作电流	2.0mA（5.0V）
模块最佳工作电压	5.0V
字符尺寸	2.95*4.35mm（宽*高）

对于 LCD1602，从它的名字就可以看出它的显示容量，就是可以显示 2 行，每行 16 个西文字符。它的工作电压是 4.5～5.5V，在设计电路的时候，直接按照 5V 系统设计，但是保证 5V 系统最低不能低于 4.5V。在 5V 工作电压下测量它的工作电流是 2mA，需要注意的是，这

个 2mA 仅仅是针对液晶，而它的黄绿背光都是用 LED 做的，所以功耗不会太小，一二十毫安还是有的。

6.1.2 LCD1602 字符型液晶显示器引脚及功能

LCD1602 字符型液晶显示器的引脚排列如图 6.2 所示，引脚功能说明如表 6.2 所示。

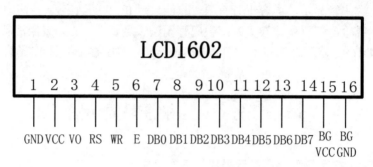

图 6.2 液晶显示器引脚排列图

表 6.2 LCD1602 管脚说明

管脚编号	名称	方向	功能	操作
1	GND	电源	电源接地	0V
2	VCC	电源	电源正极	+5V
3	VO	电源	LCD 亮度调整电压输入	电压越低，屏幕越亮
4	RS	输入	寄存器选择信号	1＝选择数据寄存器 0＝选择指令寄存器
5	WR	输入	Read/Write	1＝Read/读取 0＝Write/写入
6	E	输入	LCD/响应信号	1＝响应 LCD 0＝禁用 LCD
7～10	DB0～DB3	输入/输出	低四位总线	可用 4bit 输入数据、命令及地址
11～14	DB4～DB7	输入/输出	高四位总线	配合 DB0～DB3 的 8 位输入数据、命令及地址
15	BG VCC	输入	背光源正极	+5V
16	BG GND	输入	背光源负极	0V

对于液晶的电源 1 脚 2 脚以及背光电源 15 脚 16 脚，正常接就可以了。

3 脚叫做液晶显示偏压信号，上电以后液晶显示部分都是一些小黑块，当要显示一个字符的时候，有的黑点显示，有的黑点就不能显示，这样就可以实现想要的字符了。3 脚就是用来调整显示的黑点和不显示的黑点之间的对比度，调整好了对比度，就可以让显示更加清晰一些。在进行电路设计实验的时候，通常的办法是在这个引脚上接个电位器。通过调整电位器的分压值，来调整 3 脚的电压。而当产品批量生产的时候，可以把调整好的这个值直接用简单电路来实现，就如同在开发板上直接使用的是一个 18Ω 的下拉电阻，市面上有的 LCD1602 液晶显示器的下拉电阻在 1Ω 到 1.5kΩ 间，这也是比较合适的值。

4 脚是数据命令选择端。对于液晶，有时候要发送一些命令，让它实现想要的一些状态，有时候要发给它一些数据，让它显示出来，液晶就通过这个引脚来判断接收到的是命令还是数据，KST-51 开发板上这个引脚接到了 ADDR0 上，通过跳线帽和 P1.0 连接在一起。查阅数据手册，这个引脚被描述为"数据/命令选择端"，而后跟了"（H/L）"，意思就是当这个引脚是 H（High）高电平的时候，液晶接收到的是数据，当这个引脚是 L（Low）低电平的时候，接收到的是命令。

5 脚和 4 脚用法类似，功能是读写选择端。既可以写给液晶数据或者命令，也可以读取液晶内部的数据或状态，就是控制这个引脚。因为液晶本身内部有 RAM，对于实际上送给液晶的命令或者数据，液晶需要先保存在缓存里，然后再写到内部的寄存器或者 RAM 中，这个就需要一定的时间。所以进行读写操作之前，首先要读一下液晶当前状态，是不是在"忙"，如果不忙，可以读写数据，如果在"忙"，就需要等待液晶忙完了，再进行操作。读状态是常用的，不过读液晶数据的场合没怎么用过，大家了解这个功能即可。这个引脚接到了 ADDR1 上，通过跳线帽和 P1.1 连接在一起。

6 脚是使能信号，很关键，液晶的读写命令和数据，都要靠它才能正常读写，后边详细介绍这个引脚怎么用。这个引脚通过跳线帽接到了 ENLCD 上，这个位置的跳线是为了 1602 液晶和另外一个 12864 液晶的切换使用而设计的。

7～14 引脚就是 8 个数据引脚了，通过这 8 个引脚读写数据和命令。它们统一被接到了 P0 口上。开发板上的 LCD1602 接口的原理图如图 6.3 所示。

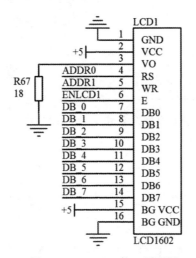

图 6.3　LCD1602 接口原理图

6.1.3　LCD 指令码工作说明

用单片机来控制 LCD 模块，方法十分方便。LCD 模块的内部可以看成两组寄存器，一个为指令寄存器 IR，另一个为数据寄存器 DR，由 RS 引脚来控制。所有对指令寄存器或数据寄存器的存取均需检查 LCD 内部的忙碌标志 BF 的状态，此标志用来告知 LCD 内部是否正在工作，是否允许接收任何控制命令。而对于此位的检查，可以令 RS=0，用读取 DB7 来加以判断。

当 DB7 为 0 时，才可以写入指令寄存器或数据寄存器。LCD 控制器共有 11 种指令，LCD 指令控制码如表 6.3 所示。下面分别介绍。

表 6.3　LCD 指令控制码表

序号	指令操作	RS	R/W	DB7	DB6	DB5	DB4	DB3	DB2	DB1	DB0
1	清除显示屏	0	0	0	0	0	0	0	0	0	×
2	光标回到原点	0	0	0	0	0	0	0	0	1	×
3	进入模式设定	0	0	0	0	0	0	0	1	I/D	S
4	显示 ON/OFF	0	0	0	0	0	0	1	D	C	B
5	显示/光标移位	0	0	0	0	0	1	S/C	R/L	×	×
6	功能设定	0	0	0	0	1	DL	N	F	×	×
7	设定字符发生器（CGRAM）地址	0	0	0	1	A5	A4	A3	A2	A1	A0
8	设置（DDRAM）显示地址	0	0	1	A6	A5	A4	A3	A2	A1	A0
9	忙碌标志位 BF	0	1	BF	D6	D5	D4	D3	D2	D1	D0
10	写入数据寄存器（显示数据）	1	0	D7	D6	D5	D4	D3	D2	D1	D0
11	读取数据寄存器	1	1	D7	D6	D5	D4	D3	D2	D1	D0

说明：

（1）清除显示屏（Clear Display）

RS	R/W	DB7	DB6	DB5	DB4	DB3	DB2	DB1	DB0
0	0	0	0	0	0	0	0	0	×

指令代码为 01H，将 DDRAM 数据全部填入"空白"的 ASCII 代码 20H，执行指令将清除显示屏的内容。

（2）光标回原点（左上角）

RS	R/W	DB7	DB6	DB5	DB4	DB3	DB2	DB1	DB0
0	0	0	0	0	0	0	0	1	×

指令代码为 02H，地址计数器 AC 被清 0，但 DDRAM 内容保持不变，光标回原点（左上角），"×"表示该位可以为 0 或 1。

（3）设定进入模式

RS	R/W	DB7	DB6	DB5	DB4	DB3	DB2	DB1	DB0
0	0	0	0	0	0	0	1	I/D	S

I/D（INC/DEC）：
I/D=1，表示当读或写完一个数据操作后，地址指针 AC 加 1，且光标加 1（光标右移一格）。

I/D=0，表示当读或写完一个数据操作后，地址指针 AC 减 1，且光标减 1（光标左移一格）。

S（Shift）：

S=1，表示当写一个数据操作时，整屏显示左移（I/D=1）或右移（I/D=0），以得到光标不移动而屏幕移动的效果。

S=0，表示当写一个数据操作时，整屏显示不移动。

（4）显示屏开关（Display ON/OFF）

RS	R/W	DB7	DB6	DB5	DB4	DB3	DB2	DB1	DB0
0	0	0	0	0	0	1	D	C	B

D（Display）：显示屏开启或关闭控制位。

当 D=1 时，显示屏开启；当 D=0 时，显示屏关闭，但 DDRAM 内的显示数据仍保留。

C（Cursor）：光标显示/关闭控制位。

C=1 时，表示在显示屏上显示光标；C=0 时，表示光标不显示。

B（Blink）：光标闪烁控制位。

B=1 时，表示光标出现后会闪烁；B=0 时，表示光标不闪烁。

（5）显示/光标移位（Display/Cursor shift）

RS	R/W	DB7	DB6	DB5	DB4	DB3	DB2	DB1	DB0
0	0	0	0	0	1	S/C	R/L	×	×

"×"表示该位可以为 0 或 1。

S/C（Display/Cursor）：

S/C=1 表示显示屏上的画面平移一个字符位，S/C=0 表示光标平移一个字符位。

R/L（Right/Left）：

R/L=1 表示右移，R/L=0 表示左移。

（6）功能设定（Function Set）

RS	R/W	DB7	DB6	DB5	DB4	DB3	DB2	DB1	DB0
0	0	0	0	1	DL	N	F	×	×

"×"表示该位可以为 0 或 1。

DL（Data Length）：数据长度选择位。

DL=1 时，LCD1602 为 8 位（DB7～DB0）数据接口；DL=0 时，LCD1602 为 4 位数据接口，使用 DB7～DB4 位，分两次送入一个完整的字符数据。

N（Number of Display）：显示屏为单行或双行选择。

N=1 为双行显示；N=0 为单行显示。

F（Font）：字符显示选择。

F=1 时，为 5*10 点阵字符；F=0 时，为 5*7 点阵字符。

（7）字符产生器 RAM（CGRAM）地址设定

RS	R/W	DB7	DB6	DB5	DB4	DB3	DB2	DB1	DB0
0	0	0	1	A5	A4	A3	A2	A1	A0

设定下一个要读/写数据的 CGRAM 地址，地址由 A5～A0 给出，可设定 00～3FH 共 64 个地址。

（8）显示数据 RAM（DDRAM）地址设定

RS	R/W	DB7	DB6	DB5	DB4	DB3	DB2	DB1	DB0
0	0	1	A6	A5	A4	A3	A2	A1	A0

设定下一个要读/写数据的 DDRAM 地址，地址由 A6～A0 给出，可设定 00～7FH 共 128 个地址。N＝0 在一行显示，A6～A0＝00～4FH；N＝1 在两行显示，首行 A6～A0＝00H～2FH，次行 A6～A0＝40H～67H

（9）忙碌标志/地址计数器读取（Busy Flag/Address Counter）

RS	R/W	DB7	DB6	DB5	DB4	DB3	DB2	DB1	DB0
0	1	BF	A6	A5	A4	A3	A2	A1	A0

LCD 的忙碌标志 BF 用以指示 LCD 目前的工作情况；当 BF=1 时，表示正在做内部数据的处理，不接收单片机送来的指令或数据；当 BF=0 时，则表示已准备接收指令或数据。当程序读取此数据的内容时，DB7 表示忙碌标志，而另外 DB6～DB0 的值表示 CGRAM 或 DDRAM 中的地址，至于是指向哪一地址，则根据最后写入的地址设定指令而定。

（10）写入数据寄存器

RS	R/W	DB7	DB6	DB5	DB4	DB3	DB2	DB1	DB0
1	0	D7	D6	D5	D4	D3	D2	D1	D0

先设定 CGRAM 或 DDRAM 地址，再将数据写入 DB7～DB0 中，以使 LCD 显示出字形，也可将使用者自创的图形存入 CGRAM 中。

（11）读取数据寄存器

RS	R/W	DB7	DB6	DB5	DB4	DB3	DB2	DB1	DB0
1	1	D7	D6	D5	D4	D3	D2	D1	D0

先设定好 CGRAM 或 DDRAM 地址，再读取其中的数据。

与单片机寄存器的用法类似，LCD1602 在使用的时候，首先要进行初始的功能配置，LCD1602 有以下几个指令需要了解。

（1）显示模式设置

显示模式设置即功能设定（见上述指令（6）），设置 16*2 显示，5*7 点阵，8 位数据接口，则应写指令 0x38。这条指令对 KST-51 开发板上液晶来说是固定的，必须写 0x38。

（2）显示开/关以及光标设置指令

这里有两条指令，第一条指令用于设置显示屏开关（见指令（4）），一个字节中含8位数据，其中高5位是固定的0b00001，低3位分别用DCB从高到低表示：D=1表示开显示，D=0表示关显示；C=1表示显示光标，C=0表示不显示光标；B=1表示光标闪烁，B=0表示光标不闪烁。如：打开显示，关闭光标，光标不闪烁，则应写入指令0b00001100，即0x0C。

第二条指令用于设定进入模式（见指令（3）），高 6 位是固定的 0b000001，低 2 位分别用 NS 从高到低表示：其中 N=1 表示读或者写一个字符后，指针自动加 1，光标自动加 1，N=0 表示读或者写一个字符后指针自动减 1，光标自动减 1；S=1 表示写一个字符后，整屏显示左移（N=1）或右移（N=0），以达到光标不移动而屏幕移动的效果，如同计算器输入一样的效果，而 S=0 表示写一个字符后，整屏显示不移动。如：写入一个字符后，指针自动加 1（即从左至右显示），屏幕不移动，则应写入指令 0b00000110，即 0x06。

（3）清屏指令

见指令（1），清屏指令是固定的，写入 0x01 表示显示清屏，其中包含了数据指针清零，且所有的显示清零。写入 0x02 则仅仅是数据指针清零，显示不清零。

（4）RAM 地址设置指令

该指令码的最高位为 1，低 7 位为 RAM 的地址，RAM 地址与液晶上字符的关系如图 6.4 所示。通常，在读写数据之前都要先设置好地址，然后再进行数据的读写操作。

LCD1602 内部带了 80 个字节的显示 RAM，用来存储发送的数据，它的结构如图 6.4 所示。

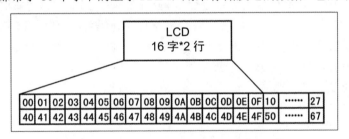

图 6.4　LCD1602 内部 RAM 结构图

第一行的地址是 0x00H 到 0x27，第二行的地址从 0x40 到 0x67，其中第一行 0x00 到 0x0F 是与液晶上第一行 16 个字符显示位置相对应的，第二行 0x40 到 0x4F 是与第二行 16 个字符显示位置相对应的。而每行都多出来一部分，是为了显示移动字幕设置的。1602 字符液晶是显示字符的，因此它跟 ASCII 字符表是对应的。比如给 0x00 这个地址写一个 "a"，也就是十进制的 97，液晶的最左上方的那个小块就会显示一个字母 a。此外，液晶内部有个数据指针，它指向哪里，写的那个数据就会送到相应的那个地址里。

6.1.4　LCD 控制器接口时序说明

液晶有一个状态字字节，通过读取这个状态字的内容，就可以知道 LCD1602 的一些内部情况，如表 6.4 所示。

表 6.4　LCD1602 状态字

状态字	指示内容		
bit0～bit6	当前数据的指针的值		
bit7	读写操作使能	1：禁止	0：允许

这个状态字节有 8 位，最高位表示了当前液晶是不是"忙"，如果这个位是 1 则表示液晶正"忙"，禁止读写数据或者命令，如果是 0，则可以进行读写。而低 7 位就表示了当前数据地址指针的位置。

LCD1602 的基本操作时序一共有 4 个，这里要做 LCD1602 的程序，因此先把用到的总线接口做一个统一声明：

```
#define LCD1602_DB P0
sbit LCD1602_RS = P1^0;
sbit LCD1602_RW = P1^1;
sbit LCD1602_E = P1^5;
```

（1）读状态：RS=L，R/W=H，E=H。这是个很简单的逻辑，就是说，可直接写以下代码。

```
LCD1602_DB = 0xFF;
LCD1602_RS = 0;
LCD1602_RW = 1;
LCD1602_E = 1;
sta = LCD1602_DB;
```

这样就把当前液晶的状态字读到了 sta 这个变量中，可以通过判断 sta 最高位的值来了解当前液晶是否处于"忙"状态，也可以得知当前数据的指针位置。现有两个问题，一是如果当前读到的状态是"不忙"，那么程序可以进行读写操作，如果当前状态是"忙"，那么还得继续等待重新判断液晶的状态；二是在原理图中，流水灯、数码管、点阵、LCD1602 都用到了 P0 口总线，读完了液晶状态继续保持 LCD1602_E 是高电平的话，LCD1602 会继续输出它的状态值，输出的这个值会占据 P0 总线，干扰到流水灯、数码管等其他外设。所以读完了状态，通常要把这个引脚拉低来释放总线，可以用一个 do...while 循环语句来实现。

```
LCD1602_DB = 0xFF;
LCD1602_RS = 0;
LCD1602_RW = 1;
do {
    LCD1602_E = 1;
    sta = LCD1602_DB;      //读取状态字
    LCD1602_E = 0;         //读完撤销使能，防止液晶输出数据干扰 P0 总线
} while (sta & 0x80);
                          //bit7 等于 1 表示液晶正忙，重复检测直到其等于 0 为止
```

（2）读数据：RS=H，R/W=L，E=H。这个逻辑也很简单，但是读数据不常用，大家了解一下就可以了，这里就不详细解释了。

（3）写指令：RS=L，R/W=L，D0～D7=指令码，E=高脉冲。

这个指令在逻辑上没什么难的，只是"E=高脉冲"这个问题要解释一下。这个指令一共有 4 条语句，其中前三条语句顺序无所谓，但是"E=高脉冲"这一句很关键。实际上流程是这样的：因为现在是写数据，所以首先要保证 E 引脚是低电平状态，而前三句不管怎么写，LCD1602 只要没有接收到 E 引脚的使能控制，它都不会来读总线上的信号。当通过前三句准备好数据之后，E 使能引脚从低电平到高电平变化，然后 E 使能引脚再从高电平到低电平出现一个下降沿，LCD1602 内部一旦检测到这个下降沿后，并且检测到 RS=L，R/W=L，就马上来

读取 D0～D7 的数据，完成单片机写 1602 指令过程。总之，写了个"E=高脉冲"，意思就是：E 使能引脚先从低拉高，再从高拉低，形成一个高脉冲。

（4）写数据：RS=H，R/W=L，D0～D7=数据，E=高脉冲。

写数据和写指令是类似的，就是把 RS 改成 H，把总线改成数据即可。

此外，这里 LCD1602 所使用的接口时序是摩托罗拉公司所创立的 6800 时序，还有另外一种时序是 Intel 公司的 8080 时序，也有部分液晶模块采用 8080 时序，只是相对来说比较少见，大家知道即可。

这里还要说明一个问题，就是从这 4 个时序大家可以看出来，LCD1602 的使能引脚 E，高电平的时候有效，低电平的时候无效，前面也提到了高电平时会影响 P0 口，因此正常情况下，如果我们没有使用液晶的话，那么程序开始写一句 LCD1602_E=0，就可以避免 LCD1602 干扰到其他外设。之前的程序没有加这句，是因为板子在这个引脚上加了一个 15kΩ 的下拉电阻，这个下拉电阻就可以保证这个引脚上电后默认是低电平，如图 6.5 所示。

如果不加这个下拉电阻，点亮 LED 小灯的时候，我们就得写一句"LCD1602_E=0"，因为很多初学者容易弄不明白，所以才加了这样一个电阻。但是在实际开发过程中，就不必要这样了。如果这是个实际产品，能用软件去处理的，就不会用硬件去实现，所以大家在做实际产品的时候，这块电阻可以直接去掉，只需要在程序开头多加一条语句即可。

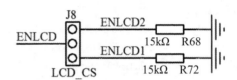

图 6.5 液晶使能引脚的下拉电阻

6.1.5 LCD 初始化设置

（1）初始化设置

① 设置显示模式：写入指令 0x38。

② 显示器清屏：写入指令 0x01。

③ 显示器开/关及光标设置：写入指令 0x0C 以及 0x06。

（2）数据控制

控制器内部设有一个数据地址指针，用户可通过它们来访问内部全部 80 字节 RAM。

① 数据指针设置：数据地址指针格式为 80H＋地址码（00H～27H，40H～67H）。

② 读数据：见表 6.2。

③ 写数据：见表 6.2。

6.1.6 LCD1602 简单实例

LCD1602 手册提供了一个初始化过程，由于不检测"忙"位，所以程序比较复杂，手册上描述的那个，大家仅仅了解就可以了，下面把程序列出来大家看下，初始化只用了 4 条语句，没有像手册介绍得那么繁琐。

```
#include <reg52.h>
#define LCD1602_DB P0
sbit LCD1602_RS = P1^0;
```

```
sbit LCD1602_RW = P1^1;
sbit LCD1602_E = P1^5;
void InitLcd1602();          //函数声明
void LcdShowStr(unsigned char x, unsigned char y, unsigned char *str);
void main()
{
    unsigned char str[] = "Hello!";
    InitLcd1602();
    LcdShowStr(2, 0, str);
    LcdShowStr(0, 1, "Welcome to KST51");
    while (1);
}
/*等待液晶准备好*/
void LcdWaitReady()
{
    unsigned char sta;
    LCD1602_DB = 0xFF;
    LCD1602_RS = 0;
    LCD1602_RW = 1;
    do {
        LCD1602_E = 1;
        sta = LCD1602_DB;          //读取状态字
        LCD1602_E = 0;
    } while (sta & 0x80);                  //bit7 等于 1 表示液晶正忙，重复检测直到其等于 0 为止
}
/*向 LCD1602 液晶写入一字节命令，cmd 为待写入命令值*/
void LcdWriteCmd(unsigned char cmd)
{
    LcdWaitReady();
    LCD1602_RS = 0;
    LCD1602_RW = 0;
    LCD1602_DB = cmd;
    LCD1602_E = 1;
    LCD1602_E = 0;
}
/*向 LCD1602 液晶写入一字节数据，dat 为待写入数据值*/
void LcdWriteDat(unsigned char dat)
{
    LcdWaitReady();
    LCD1602_RS = 1;
    LCD1602_RW = 0;
    LCD1602_DB = dat;
    LCD1602_E = 1;
```

```
        LCD1602_E = 0;
    }
    /*设置显示 RAM 起始地址，亦即光标位置，(x,y)对应屏幕上的字符坐标*/
    void LcdSetCursor(unsigned char x, unsigned char y)
    {
        unsigned char addr;
        if (y == 0)                    //由输入的屏幕坐标计算显示 RAM 的地址
        addr = 0x00 + x;               //第一行字符地址从 0x00 起始
        else
        addr = 0x40+ x;                //第二行字符地址从 0x40 起始
        LcdWriteCmd(addr | 0x80);      //设置 RAM 地址
    }
    /*在液晶上显示字符串，(x,y)对应屏幕上的起始坐标，str 为字符串指针*/
    void LcdShowStr(unsigned char x, unsigned char y, unsigned char *str)
    {
        LcdSetCursor(x, y);            //设置起始地址
        while (*str != '\0')           //连续写入字符串数据，直到检测到结束符
        {
            LcdWriteDat(*str++);       //先取 str 指向的数据，然后 str 自加 1
        }
    }
    /*初始化 1602 液晶*/
    void InitLcd1602()
    {
        LcdWriteCmd(0x38);    //16*2 显示，5*7 点阵，8 位数据接口
        LcdWriteCmd(0x0C);    //显示器开，光标关闭
        LcdWriteCmd(0x06);    //文字不动，地址自动+1
        LcdWriteCmd(0x01);    //清屏
    }
```

程序中有详细的注释，结合本节前面的讲解，大家自己分析掌握 LCD1602 的基本操作函数。LcdWriteDat(*str++)这行语句中对指针 str 的操作大家一定要理解透彻：先把 str 指向的数据取出来用，然后 str 再加 1 以指向下一个数据，这是非常常用的一种简写方式。另外关于本程序还有几点值得提一下：

第一，把程序所有的功能都使用函数模块化了，这样非常有利于程序的维护，不管要写一个什么样的功能，只要调用相应的函数就可以了，大家注意学习这种编程方法。

第二，注意使用液晶的习惯，就是用数学上的(x, y)坐标来进行屏幕定位，但与数学坐标系不同的是，液晶的左上角的坐标是"x=0，y=0"，往右边是 x+偏移，下边是 y+偏移。

第三，第一次接触多个参数传递的函数，而且还带了指针类型的参数，所以多留心熟悉一下。

第四，读写数据和指令程序，每次都必须进行"忙"判断。

第五，领略一下指针在程序中的巧妙用法，可以尝试不用指针改写程序，感受一下指针的优势。

6.2　任务二：LCD 显示时钟

用单片机的定时器功能设计电子时钟在项目四已经做了详细介绍，此项目将数码管显示换为 LCD 显示，要注意的是 LCD1602 自带了 ASCII 字符库，如果要显示数字，需先将数字转换为 ASCII 字符（ASCII 字符表见附录 A），源程序如下：

```c
#include<reg52.h>

#define uchar unsigned char
#define LCD1602_DB P0
sbit LCD1602_RS = P1^0;
sbit LCD1602_RW = P1^1;
sbit LCD1602_E = P1^5;

void InitLcd1602();
void LcdShowStr(uchar x, uchar y, uchar *str);
void LcdShowDat(uchar x, uchar y, uchar dat);

uchar cnt=0;                    //定义一个计数变量，记录 T0 溢出次数
uchar sec=0,min=0,hour=0;

void main()
{
    uchar temp;
    uchar str[] = "Good morning!";
    TMOD = 0x01;                //设置 T0 为模式 1
    TH0 = 0x4C;
    TL0 = 0x00;                 //50ms 定时
    IE =0x82;                   //允许 T0 中断
    TR0 = 1;                    //启动 T0
    InitLcd1602();
    LcdShowStr(2, 0, str);
    while(1)
    {
        temp = hour/10;
        temp += 0x30;     //将待显示的数字转换成 ASCII 码，再送 LCD1602 的显示 RAM
        LcdShowDat(4, 1, temp);
        temp = hour%10;
        temp += 0x30;
        LcdShowDat(5, 1, temp);
        temp = 0x3A;            //0x3A 是 "：" 的 ASCII 码
        LcdShowDat(6, 1, temp);
```

```
                temp = min/10;
                temp += 0x30;
                LcdShowDat(7, 1, temp);
                temp = min%10;
                temp += 0x30;
                LcdShowDat(8, 1, temp);
                temp = 0x3A;
                LcdShowDat(9, 1, temp);
                temp = sec/10;
                temp += 0x30;
                LcdShowDat(10, 1, temp);
                temp = sec%10;
                temp += 0x30;
                LcdShowDat(11, 1, temp);
        }
}

/*等待液晶准备好*/
void LcdWaitReady()
{
    uchar sta;

    LCD1602_DB = 0xFF;
    LCD1602_RS = 0;
    LCD1602_RW = 1;
    do
    {
        LCD1602_E = 1;
        sta = LCD1602_DB;     //读取状态字
        LCD1602_E = 0;
    }while(sta & 0x80);       //bit7=1 表示液晶正忙，重复检测直到其等于 0 为止
}

/*向 LCD1602 液晶写入一字节命令，cmd 为待写入命令值*/
void LcdWriteCmd(uchar cmd)
{
    LcdWaitReady();
    LCD1602_RS = 0;
    LCD1602_RW = 0;
    LCD1602_DB = cmd;
    LCD1602_E = 1;
    LCD1602_E = 0;
}
```

```
/*向 LCD1602 液晶写入一字节数据，cmd 为待写入数据值*/
void LcdWriteDat(uchar dat)
{
    LcdWaitReady();
    LCD1602_RS = 1;
    LCD1602_RW = 0;
    LCD1602_DB = dat;
    LCD1602_E = 1;
    LCD1602_E = 0;
}

/*设置显示 RAM 起始地址，亦即光标位置，(x,y)对应屏幕上的字符坐标*/
void LcdSetCursor(uchar x, uchar y)
{
    uchar addr;
    if(y == 0)                  //由输入的屏幕坐标计算显示 RAM 的地址
        addr = 0x00+x;          //第一行字符地址从 0x00 起始
    else
        addr = 0x40+x;          //第二行字符地址从 0x40 起始
    LcdWriteCmd(addr | 0x80);   //设置 RAM 地址
}

/*在液晶上显示字符串，(x,y)对应屏幕上的起始坐标，str 为字符串指针*/
void LcdShowStr(uchar x, uchar y, uchar *str)
{
    LcdSetCursor(x, y);         //设置起始地址
    while(*str != '\0')         //连续写入字符串数据，直到检测到结束符
    {
        LcdWriteDat(*str++);    //先取 str 指向的数据，然后 str 自加 1
    }
}

/*在液晶上显示数字，(x,y)对应屏幕上的起始坐标，dat 为待显示的数字*/
void LcdShowDat(uchar x, uchar y, uchar dat)
{
    LcdSetCursor(x, y);         //设置起始地址
    LcdWriteDat(dat);           //写入数据
}

/*初始化 1602 液晶*/
void InitLcd1602()
{
```

```
        LcdWriteCmd(0x38);      // 16*2 显示，5*7 点阵，8 位接口
        LcdWriteCmd(0x0C);      //显示器开，光标关闭
        LcdWriteCmd(0x06);      //文字不动，地址自动加 1
        LcdWriteCmd(0x01);      //清屏
    }


    /*50ms 中断子程序*/
    void clock() interrupt 1        //定时中断函数
    {
        cnt++;
        TH0 = 0x4C;
        TL0 = 0x00;
        if(cnt == 20)
        {
            cnt = 0;
            sec++;              //cnt=20 表示 1 秒钟时间到了，秒钟加 1
            if(sec == 60)       //当秒钟等于 60，分钟加 1，并且将秒钟清零
            {
                sec = 0;
                min++;
                if(min == 60)   //当分钟等于 60，时钟加 1，并且将分钟清零
                {
                    min=0;
                    hour++;
                    if(hour == 24)      //当时钟等于 24，将时钟清零
                        hour=0;
                }
            }
        }
    }
```

将上述程序编译一下，并下载到单片机中，观察运行结果并分析。

思考：

1．编程实现通过串口调试助手发送字符在 LCD1602 上显示出来。

2．查阅资料，用 LCD1602 滚屏显示电子时钟。

项目七 I²C 总线与 EEPROM

项目描述：I²C 总线是 PHILIPS 公司推出的一种串行总线，是具备多主机系统所需的包括总线裁决和高低速器件同步功能的高性能串行总线，多用于连接微处理器及其外围芯片。

KST-51 开发板采用 24C02 作为 EEPROM。24C02 是一个基于 I²C 通信协议的器件，在本项目中我们将 I²C 和 EEPROM 结合起来，实现计数器的功能。本项目设计一个 0~99 的秒计数器，用两位数码管显示当前的计数值，并将当前的计数值保存到 EEPROM 芯片 24C02 中，断电以后计数值不丢失，再次上电计数器继续计数。

7.1 任务一：认识 I²C 总线

7.1.1 I²C 总线内部结构

I²C 总线内部结构如图 7.1 所示。

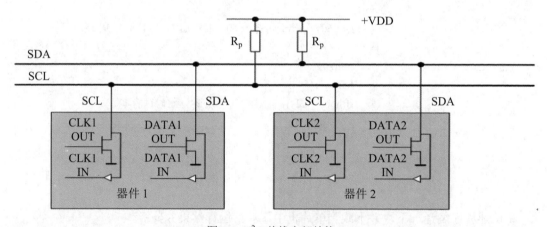

图 7.1 I²C 总线内部结构

在硬件上，I²C 总线由时钟总线 SCL 和数据总线 SDA 两条线构成，连接到总线上的所有器件的 SCL 都连到一起，所有 SDA 都连到一起。I²C 总线是开漏引脚并联的结构，因此我们在外部要添加上拉电阻。加上上拉电阻后所有器件的 SCL 和 SDA 的连接关系就属于线"与"连接关系，如图 7.1 所示。总线上线"与"的关系就是说，所有接入的器件保持高电平，这条线才是高电平，而任何一个器件输出一个低电平，那这条线就会保持低电平，因此可以做到任何一个器件都可以拉低电平，也就是任何一个器件都可以作为主机，但往往以单片机作为主机。再有就是由于上拉电阻的存在，当总线上不传输数据时，也就是总线空闲时，SCL 和 SDA 总是体现为高电平。在开发板上如图 7.2 所示，我们添加了 R63 和 R64 两个上拉电阻。

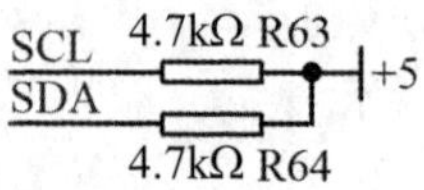

图 7.2 I²C 总线的上拉电阻

7.1.2 I²C 时序

I²C 的通信过程包含三个步骤，分别为：起始信号、数据传输和停止信号，如图 7.3 所示。

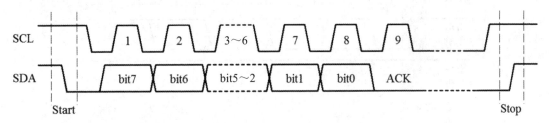

图 7.3　I²C 时序流程图

下面我们一部分一部分地对 I²C 通信时序进行剖析。为了更方便地看出来每一位数据的传输流程，我们把图 7.3 改进成图 7.4。

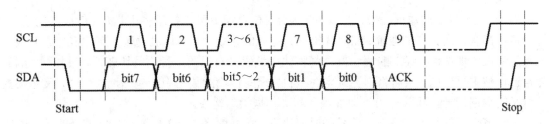

图 7.4　I²C 通信流程解析

起始信号：I²C 通信的起始信号的定义是 SCL 为高电平期间，SDA 由高电平向低电平变化产生一个下降沿，表示起始信号，如图 7.3 中的 Start 部分。起始信号由主机产生，由 SCL 和 SDA 的高低电平配合实现。

数据传输：I²C 通信中数据传输是高位在前，低位在后。I²C 没有固定波特率，但是有时序的要求，SDA 只有在 SCL 为低电平的时候才允许变化，也就是说，发送方在 SCL 为低电平的时候准备好数据；而当 SCL 在高电平的时候，SDA 绝对不可以变化，因为这个时候，接收方要来读取当前 SDA 的电平信号是 0 还是 1，因此要保证 SDA 的稳定，也就是说，接收方在 SCL 为高电平的时候进行采样。如图 7.3 中的每一位数据的变化，都是在 SCL 的低电平位置。8 个数据位后边跟着的是一个应答位，我们后边还要具体介绍应答位。

停止信号：I²C 通信停止信号的定义是 SCL 为高电平期间，SDA 由低电平向高电平变化产生一个上升沿，表示结束信号，如图 7.4 中的 Stop 部分。终止信号由主机产生，同样由 SCL 和 SDA 的高低电平配合实现。

7.1.3 I²C 数据传输格式

1. 字节传输与应答

I²C 传输数据时必须以字节为单位，数据传输时，先传送最高位（MSB），也就是高位在前低位在后。发送方在发送一个字节后接收方会回应一个应答位，也就是第九位为应答位。如果应答位为"0"表示写入成功，如果应答位为"1"有两种情况：①写入不成功；②接收方是主机，主机如果不想读取数据了会回应一个非应答信号，让从机释放总线，如图 7.5 所示。

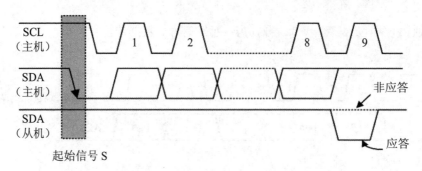

图 7.5　主机写字节传输格式与应答位

注意：单片机在作为主机向从机写数据时，每写完一个字节都应该释放 SDA 总线，也就是写 SDA=1（线与结构决定的）。

2. **数据帧格式**

I^2C 总线上传输的数据信号是广义的，因为 I^2C 总线上可以挂载多个具有 I^2C 接口的器件，每个器件都有自己独立的地址，在单片机作为主机的系统中，单片机发送了起始信号之后就应该发送从机的地址，总线上的每个器件都将此地址码与自己的地址进行比较，如果相同，则认为自己正被主机寻址，从而将自己确定为从机。因此传输的数据中既包括地址信号，又包括真正意义的数据信号。即数据由"地址帧"和"数据帧"构成。

上一节介绍的是 I^2C 每一位信号的时序流程，数据帧格式指 I^2C 通信在字节级的传输中固定的时序要求。在 I^2C 通信的起始信号（Start）后，首先要发送一个从机的地址，这个地址一共有 7 位，紧跟着的第 8 位是数据方向位（R/W），"0"表示接下来要发送数据（写），"1"表示接下来是请求数据（读）。

7.1.4　I^2C 寻址模式

I^2C 总线协议有明确的规定：采用 7 位的寻址字节（寻址字节是起始信号后的第一个字节，也就是从机地址加读写方向位）。

寻址字节的位定义：

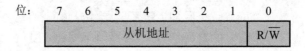

D7～D1 位组成从机的地址。D0 位是数据传送方向位，为"0"时表示主机向从机写数据，为"1"时表示主机由从机读数据。

当我们发送完了这 7 位地址和 1 位方向后，如果发送的这个地址确实存在，那么这个地址的器件应该回应一个 ACK（第九位应答位，拉低 SDA 即输出"0"），如果不存在，就没"人"回应 ACK（SDA 将保持高电平，即输出"1"）。

我们知道，打电话的时候，当拨通电话，接听方拿起电话肯定要回一个"喂"，这就是告诉拨电话的人，这边有人了。同理，这个第九位 ACK 实际上起到的就是这样一个作用。

那我们写一个简单的程序，访问一下我们板子上的 EEPROM 的地址，另外再写一个不存在的地址，看看它们是否能回应一个 ACK，来了解和确认一下这个问题。

我们板子上的 EEPROM 器件型号是 24C02，在 24C02 的数据手册中可查到，24C02 的 7 位地址中，其中高 4 位是固定的 0b1010，而低 3 位的地址取决于具体电路的设计，由芯片上的 A2、A1、A0 这 3 个引脚的实际电平决定，来看一下我们的 24C02 的电路图，它和 24C01 的原理图完全一样，如图 7.6 所示。

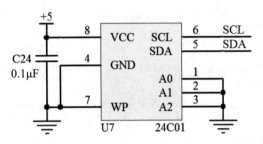

图 7.6　24C02 原理图

从图 7.6 可以看出来，我们的 A2、A1、A0 都是接的 GND，也就是说都是 0，因此 24C02 的 7 位地址实际上是二进制的 0b1010000，也就是 0x50。我们用 I²C 的协议来寻址 0x50，另外再寻址一个不存在的地址 0x62，寻址完毕后，把返回的 ACK 显示到我们的 1602 液晶上，大家对比一下。

在编程之前我们首先来了解下 I²C 总线的典型信号模拟时序图，因为 STC89C52 本身并没有 I²C 接口，要实现 I²C 通信必须利用 I/O 口模拟，开发板上用 P3.7（SCL）、P3.6（SDA）来进行模拟。

I²C 总线的起始信号、终止信号、发送 "0" 及发送 "1" 的模拟时序如图 7.7 所示。

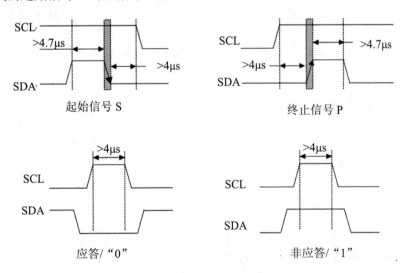

图 7.7　I²C 典型模拟时序图

下面程序当中 I2CStart()、I2CSTOP()、I2CWrite(unsigned char dat) 子程序就是根据此模拟时序图编出来的。

```
#include <reg52.h>
```

```c
#include <intrins.h>
#define I2CDelay() {_nop_();_nop_();_nop_();_nop_();}
sbit I2C_SCL = P3^7;
sbit I2C_SDA = P3^6;
#define LCD1602_DB P0
sbit LCD1602_RS = P1^0;
sbit LCD1602_RW = P1^1;
sbit LCD1602_E = P1^5;

bit I2CAddressing(unsigned char addr);
void InitLcd1602();
void LcdShowStr(unsigned char x, unsigned char y, unsigned char *str);

/*等待液晶准备好*/
void LcdWaitReady()
{
    unsigned char sta;
    LCD1602_DB = 0xFF;
    LCD1602_RS = 0;
    LCD1602_RW = 1;
    do {
        LCD1602_E = 1;
        sta = LCD1602_DB;    //读取状态字
        LCD1602_E = 0;
    } while (sta & 0x80);         //bit7 等于 1 表示液晶正忙，重复检测直到其等于 0 为止
}
/*向 LCD1602 液晶写入一字节命令，cmd 为待写入命令值*/
void LcdWriteCmd(unsigned char cmd)
{
    LcdWaitReady();
    LCD1602_RS = 0;
    LCD1602_RW = 0;
    LCD1602_DB = cmd;
    LCD1602_E = 1;
    LCD1602_E = 0;
}
/*向 LCD1602 液晶写入一字节数据，dat 为待写入数据值*/
void LcdWriteDat(unsigned char dat)
{
    LcdWaitReady();
    LCD1602_RS = 1;
    LCD1602_RW = 0;
    LCD1602_DB = dat;
```

```
        LCD1602_E = 1;
        LCD1602_E = 0;
}
/*设置显示 RAM 起始地址，亦即光标位置，(x,y)对应屏幕上的字符坐标*/
void LcdSetCursor(unsigned char x, unsigned char y)
{
        unsigned char addr;
        if (y == 0)                 //由输入的屏幕坐标计算显示 RAM 的地址
            addr = 0x00 + x;        //第一行字符地址从 0x00 起始
        else
            addr = 0x40 + x;        //第二行字符地址从 0x40 起始
        LcdWriteCmd(addr | 0x80);  //设置 RAM 地址
}
/*在液晶上显示字符串，(x,y)对应屏幕上的起始坐标，str 为字符串指针*/
void LcdShowStr(unsigned char x, unsigned char y, unsigned char *str)
{
        LcdSetCursor(x, y);         //设置起始地址
        while (*str != '\0')        //连续写入字符串数据，直到检测到结束符
        {
            LcdWriteDat(*str++);
        }
}
/*初始化 1602 液晶*/
void InitLcd1602()
{
        LcdWriteCmd(0x38);          //16*2 显示，5*7 点阵，8 位数据接口
        LcdWriteCmd(0x0C);          //显示器开，光标关闭
        LcdWriteCmd(0x06);          //文字不动，地址自动+1
        LcdWriteCmd(0x01);          //清屏
}
/************************main.c 文件程序源代码************************/
void main()
{
        bit ack;
        unsigned char str[10];
        InitLcd1602();                 //初始化液晶
        ack = I2CAddressing(0x50);     //查询地址为 0x50 的器件
        str[0] = '5';                  //将地址和应答值转换为字符串
        str[1] = '0';
        str[2] = ':';
        str[3] = (unsigned char)ack + '0';
        str[4] = '\0';
        LcdShowStr(0, 0, str);         //显示到液晶上
```

```
        ack = I2CAddressing(0x62);          //查询地址为 0x62 的器件
        str[0] = '6';                       //将地址和应答值转换为字符串
        str[1] = '2';
        str[2] = ':';
        str[3] = (unsigned char)ack + '0';
        str[4] = '\0';
        LcdShowStr(8, 0, str);              //显示到液晶上
        while (1);
    }
/*产生总线起始信号*/
void I2CStart()
{
        I2C_SDA = 1; //首先确保 SDA、SCL 都是高电平
        I2C_SCL = 1;
        I2CDelay();
        I2C_SDA = 0;//先拉低 SDA
        I2CDelay();
        I2C_SCL = 0; //再拉低 SCL
}
/*产生总线停止信号*/
void I2CStop()
{
        I2C_SCL = 0; //首先确保 SDA、SCL 都是低电平
        I2C_SDA = 0;
        I2CDelay();
        I2C_SCL = 1; //先拉高 SCL
        I2CDelay();
        I2C_SDA = 1; //再拉高 SDA
        I2CDelay();
}
/* I²C 总线写操作，dat 为待写入字节，返回值为从机应答位的值*/
bit I2CWrite(unsigned char dat)
{
        bit ack;                            //用于暂存应答位的值
        unsigned char mask;                 //用于探测字节内某一位值的掩码变量
        for (mask=0x80; mask!=0; mask>>=1)  //从高位到低位依次进行
        {
            if ((mask&dat) == 0)            //该位的值输出到 SDA 上
                I2C_SDA = 0;
            else
                I2C_SDA = 1;
            I2CDelay();
            I2C_SCL = 1;                     //拉高 SCL
```

```
        I2CDelay();
        I2C_SCL = 0;            //再拉低 SCL，完成一个位周期
    }
    I2C_SDA = 1;                //8 位数据发送完后，主机释放 SDA，以检测从机应答
    I2CDelay();
    I2C_SCL = 1;                //拉高 SCL
    ack = I2C_SDA;              //读取此时的 SDA 值，即为从机的应答值
    I2CDelay();
    I2C_SCL = 0;                //再拉低 SCL 完成应答位，并保持住总线
    return ack;                 //返回从机应答值
}
/* I²C 寻址函数，即检查地址为 addr 的器件是否存在，返回值为从器件应答值*/
bit I2CAddressing(unsigned char addr)
{
    bit ack;
    I2CStart();                 //产生起始位，即启动一次总线操作
    ack = I2CWrite(addr<<1);    /*器件地址需左移一位，因寻址命令的最低位为读写位，用
                                于表示之后的操作是读或写*/
    I2CStop();                  //不需进行后续读写，而直接停止本次总线操作
    return ack;
}
```

我们把这个程序在 KST-51 开发板上运行完毕，会在液晶上边显示出来我们预想的结果，主机发送一个存在的从机地址，从机会回复一个应答位，即应答位为 0；主机如果发送一个不存在的从机地址，就没有从机应答，即应答位为 1。

利用库函数_nop_()可以进行精确延时，一个_nop_()的时间就是一个机器周期，这个库函数包含在 intrins.h 这个文件中，如果要使用这个库函数，只需要在程序最开始，和包含 reg52.h 一样，列出 include<intrins.h>之后，程序中就可以使用这个库函数了。

还有一点要提一下，I²C 通信分为低速模式 100kb/s、快速模式 400kb/s 和高速模式 3.4Mb/s。因为所有的 I²C 器件都支持低速，但却未必支持另外两种速度，所以作为通用的 I²C 程序，我们选择 100kb/s 这个速率来实现，也就是说实际程序产生的时序必须小于或等于 100kb/s 的时序参数，很明显也就是要求 SCL 的高低电平持续时间都不短于 5μs，因此我们在时序函数中通过插入 I2CDelay()这个总线延时函数（它实际上就是 4 个 NOP 指令，用 define 在文件开头做了定义），加上改变 SCL 值语句本身占用至少一个周期，来达到这个速度限制。如果以后需要提高速度，那么只需要减小这里的总线延时时间。

此外我们要学习一个发送数据的技巧，就是 I²C 通信时如何将一个字节的数据发送出去。大家注意 I2CWrite 函数中，用的那个 for 循环的技巧：for (mask=0x80; mask!=0; mask>>=1)。由于 I²C 通信是从高位开始发送数据，所以我们先从最高位开始，0x80 和 dat 进行按位与运算，从而得知 dat 第 7 位是 0 还是 1，然后右移一位，也就是变成了用 0x40 和 dat 按位与运算，得到第 6 位是 0 还是 1，一直到第 0 位结束，最终通过 if 语句，把 dat 的 8 位数据依次发送了出去。其他的逻辑大家对照前边讲到的理论知识，认真研究明白就可以了。

7.2 任务二：学习 EEPROM

在实际的应用中，保存在单片机 RAM 中的数据，掉电后就丢失了，保存在单片机的 Flash ROM 中的数据，又不能随意改变，也就是不能用它来记录变化的数值。但是在某些场合，我们又确实需要记录下某些数据，而它们还时常需要改变或更新，掉电之后数据还不能丢失，比如，我们的家用电表度数、电视机里边的频道记忆，一般都是使用 EEPROM 来保存数据，特点就是掉电后不丢失。我们板子上使用的这个器件是 24C02，是一个容量大小为 2kbits，也就是 256 个字节的 EEPROM。一般情况下，EEPROM 拥有 30 万到 100 万次的寿命，也就是说它可以反复写入 30~100 万次，而读取次数是无限的。

24C02 是一个基于 I²C 通信协议的器件，因此从现在开始，我们的 I²C 和我们的 EEPROM 就要合体了。但是大家要分清楚，I²C 是一个通信协议，它拥有严密的通信时序逻辑要求，而 EEPROM 是一个器件，只是这个器件采样了 I²C 协议的接口与单片机相连而已，二者并没有必然的联系，EEPROM 可以用其他接口，I²C 也可以用在其他很多器件上。

7.2.1 EEPROM 读写操作时序

1. EEPROM 写数据流程

第一步，首先发送 I²C 的起始信号，接着跟上首字节，也就是我们前边讲的 I²C 的器件地址，并且在读写方向上选择"写"操作。

第二步，发送数据的存储地址。24C02 一共有 256 个字节的存储空间，地址从 0x00~0xFF，我们想把数据存储在哪个位置，此刻写的就是哪个地址。

第三步，发送要存储的数据的第一个字节、第二个字节……注意在写数据的过程中，EEPROM 每个字节都会回应一个"应答位 0"，来告诉我们写 EEPROM 数据成功，如果没有回应答位，说明写入不成功。

在写数据的过程中，每成功写入一个字节，EEPROM 存储空间的地址就会自动加 1，当加到 0xFF 后，再写一个字节，地址会溢出又变成了 0x00。

2. EEPROM 读数据流程

第一步，首先发送 I²C 的起始信号，接着跟上首字节，也就是我们前边讲的 I2C 的器件地址，并且在读写方向上选择"写"操作。这个地方可能有同学会诧异，我们明明是读数据为何方向也要选"写"呢？刚才说过了，24C02 一共有 256 个地址，我们选择写操作，是为了把所要读的数据的存储地址先写进去，告诉 EEPROM 我们要读取哪个地址的数据。这就如同我们打电话，先拨总机号码（EEPROM 器件地址），而后还要继续拨分机号码（数据地址），而拨分机号码这个动作，主机仍然是发送方，方向依然是"写"。

第二步，发送要读取的数据的地址，注意是地址而非存在 EEPROM 中的数据，通知 EEPROM 我要哪个分机的信息。

第三步，重新发送 I²C 起始信号和器件地址，并且在方向位选择"读"操作。

这三步当中，每一个字节实际上都是在"写"，所以对于每一个字节，EEPROM 都会回应一个"应答位 0"。

第四步，读取从器件发回的数据，读一个字节，如果还想继续读下一个字节，就发送一个"应答位 ACK（0）"，如果不想读了，告诉 EEPROM，我不想要数据了，别再发数据了，那就发送一个"非应答位 NAK（1）"。

和写操作规则一样，我们每读一个字节，地址会自动加 1，如果我们想继续往下读，给 EEPROM 一个 ACK（0）低电平，再继续给 SCL 完整的时序，EEPROM 会继续往外送数据。如果我们不想读了，要告诉 EEPROM 不要数据了，直接给一个 NAK（1）高电平即可。这个地方大家要从逻辑上理解透彻，不能简单地靠死记硬背了，一定要理解明白。梳理以下几个要点：①在本例中单片机是主机，24C02 是从机；②无论是读是写，SCL 始终都是由主机控制的；③写的时候应答信号由从机给出，表示从机是否正确接收了数据；④读的时候应答信号则由主机给出，表示是否继续读下去。

7.2.2 EEPROM 跨页写操作时序

我们读取 EEPROM 的时候很简单，EEPROM 根据我们送的时序，直接就把数据送出来了，但是写 EEPROM 却没有这么简单了。给 EEPROM 发送数据后，先保存在了 EEPROM 的缓存中，EEPROM 必须要把缓存中的数据搬移到"非易失"的区域，才能达到掉电不丢失的效果。而往非易失区域写需要一定的时间，每种器件不完全一样，Atmel 公司的 24C02 的这个写入时间最高不超过 5ms。在往非易失区域写的过程，EEPROM 是不会再响应我们的访问的，不仅接收不到我们的数据，即使我们用 I²C 标准的寻址模式去寻址，EEPROM 也不会应答，就如同这个总线上没有这个器件一样。数据写入非易失区域完毕后，EEPROM 再次恢复正常，就可以正常读写了。

在向 EEPROM 连续写入多个字节的数据时，如果每写一个字节都要等待几毫秒的话，整体上的写入效率就太低了。因此 EEPROM 的厂商就想了一个办法，把 EEPROM 分页管理。24C01、24C02 这两个型号是 8 个字节一页，而 24C04、24C08、24C16 是 16 个字节一页。我们开发板上用的型号是 24C02，一共是 256 个字节，8 个字节一页，那么有 32 页。

分配好页之后，如果我们在同一个页内连续写入几个字节后，最后再发送停止位的时序，EEPROM 检测到这个停止位后，就会一次性把这一页的数据写到非易失区域，就不需要写一个字节检测一次了，并且每页写入的时间也不会超过 5ms。如果我们写入的数据跨页了，那么写完了一页之后，我们要发送一个停止位，然后等待并且检测 EEPROM 闲模式，一直等到把上一页数据完全写到非易失区域后，再进行下一页的写入，这样就可以在很大程度上提高数据的写入效率。

7.3 任务三：设计计数器

设计一个 0～99 的秒计数器，用两位数码管显示当前的计数值，并将当前的计数值保存到 EEPROM 芯片 24C02 中，断电以后计数值不丢失，再次上电计数器继续计数。

```
#include <reg52.h>
#include <intrins.h>
#define uchar unsigned char
#define uint unsigned int
```

```
#define I2CDelay() {_nop_();_nop_();_nop_();_nop_();}
sbit ADDR0=P1^0;
sbit ADDR1=P1^1;
sbit ADDR2=P1^2;
sbit ADDR3=P1^3;
sbit ENLED=P1^4;
sbit I2C_SCL = P3^7;
sbit I2C_SDA = P3^6;
bit bFlagR = 1;
bit bFlagW = 0;
uchar cnt=0;   //定义一个计数变量，记录 T0 溢出次数
uchar sec=0;
unsigned char code LedChar[] = {
    0xc0, 0xf9, 0xa4, 0xb0, 0x99, 0x92, 0x82, 0xf8,
    0x80, 0x90, 0x88, 0x83, 0xc6, 0xa1, 0x86, 0x8e,
    0xff
    };
void delay();
/*产生总线起始信号*/
void I2CStart()
{
    I2C_SDA = 1; //首先确保 SDA、SCL 都是高电平
    I2C_SCL = 1;
    I2CDelay()
    I2C_SDA = 0; //先拉低 SDA
    I2CDelay()
    I2C_SCL = 0; //再拉低 SCL
}
/*产生总线停止信号*/
void I2CStop()
{
    I2C_SCL = 0; //首先确保 SDA、SCL 都是低电平
    I2C_SDA = 0;
    I2CDelay();
    I2C_SCL = 1; //先拉高 SCL
    I2CDelay();
    I2C_SDA = 1; //再拉高 SDA
    I2CDelay();
}
/* I²C 总线写操作，dat 为待写入字节，返回值为从机应答位的值*/
bit I2CWrite(unsigned char dat)
{
    bit ack;                 //用于暂存应答位的值
```

```
        unsigned char mask;                          //用于探测字节内某一位值的掩码变量
        for (mask=0x80; mask!=0; mask>>=1)   //从高位到低位依次进行
        {
                if ((mask&dat) == 0)          //该位的值输出到 SDA 上
                        I2C_SDA = 0;
                else
                        I2C_SDA = 1;
                I2CDelay();
                I2C_SCL = 1;                  //拉高 SCL
                I2CDelay();
                I2C_SCL = 0;                  //再拉低 SCL，完成一个位周期
        }
        I2C_SDA = 1;        //8 位数据发送完后，主机释放 SDA，以检测从机应答
        I2CDelay();
        I2C_SCL = 1;        //拉高 SCL
        ack = I2C_SDA;      //读取此时的 SDA 值，即为从机的应答值
        I2CDelay();
        I2C_SCL = 0;        //再拉低 SCL 完成应答位，并保持住总线
        return ack;         //返回从机应答值
}


unsigned char I2CReadNAK()
{
        unsigned char mask;
        unsigned char dat;
        I2C_SDA = 1;    //首先确保主机释放 SDA
        for (mask=0x80; mask!=0; mask>>=1) //从高位到低位依次进行
        {
                I2CDelay();
                I2C_SCL = 1;            //拉高 SCL
                if(I2C_SDA == 0)       //读取 SDA 的值
                        dat &= ~mask;  //为 0 时，dat 中对应位清零
                else
                        dat |= mask;   //为 1 时，dat 中对应位置 1
                I2CDelay();
                I2C_SCL = 0;           //再拉低 SCL，以使从机发送出下一位
        }
        I2C_SDA = 1;    //8 位数据发送完后，拉高 SDA，发送非应答信号
        I2CDelay();
        I2C_SCL = 1;    //拉高 SCL
        I2CDelay();
        I2C_SCL = 0;    //再拉低 SCL 完成非应答位，并保持住总线
        return dat;
```

```c
}

/*读取 EEPROM 中的一个字节，addr 为字节地址*/
unsigned char E2ReadByte(addr)
{
    unsigned char dat;
    I2CStart();
    I2CWrite(0x50<<1);          //寻址器件，后续为写操作
    I2CWrite(addr);             //写入存储地址
    I2CStart();                 //发送重复启动信号
    I2CWrite((0x50<<1)|0x01);   //寻址器件，后续为读操作
    dat = I2CReadNAK();         //读取一个字节数据
    I2CStop();
    return dat;
}

/*向 EEPROM 中写入一个字节，addr 为字节地址*/
void E2WriteByte(unsigned char addr, unsigned char dat)
{
    I2CStart();
    I2CWrite(0x50<<1); //寻址器件，后续为写操作
    I2CWrite(addr);         //写入存储地址
    I2CWrite(dat);          //写入一个字节数据
    I2CStop();
}
void main()
{
    uchar cTemp;
    ENLED = 0;
    ADDR3 = 1;
    TMOD = 0x01;        //设置 T0 为模式 1
    TH0 = 0x4C;
    TL0 = 0x00;         //50ms 定时
    IE =0x82;           //允许 T0 中断
    TR0 = 1;            //启动 T0
    while(1)
    {
        if(bFlagR)
        {
            sec = E2ReadByte(0x02);
            if(sec >= 100)
            {
                sec = 0;
```

```
                }
            }
            if(bFlagW)
            {
                    E2WriteByte(0x02, sec);
            }
            ADDR2 = 0;
            ADDR1 = 0;
            ADDR0 = 0;      //显示秒的个位
            cTemp = sec%10;
            P0 = LedChar[cTemp];
            delay();
            ADDR2 = 0;
            ADDR1 = 0;
            ADDR0 = 1;      //显示秒的十位
            cTemp = sec/10;
            P0 = LedChar[cTemp];
            delay();
        }
}

void clock() interrupt 1
{
    cnt++;
    TH0 = 0x4C;
    TL0 = 0x00;
    if(cnt == 10)
    {
        bFlagR = 1;
    }
    else
    {
        bFlagR = 0;
    }
    if(cnt == 20)
    {
        cnt = 0;
        bFlagW = 1;
        sec++;
        if(sec >= 100)
        {
                sec = 0;
        }
```

```
            }
            else
            {
                    bFlagW = 0;
            }
    }

    void delay()
    {
            unsigned int i;
            for(i=0;i<500;i++)
            {
                    ;
            }
    }
```

将上述程序编译一下，并下载到单片机中，观察运行结果并分析。

思考：

1. I^2C 总线上接多片 EEPROM 芯片，怎么设计？

2. 使用按键、LCD1602、EEPROM 做一个简单的密码锁程序。

项目八　温度传感器 DS18B20 与蜂鸣器

项目描述：DS18B20 是一款应用非常广泛的温度传感器，能够将温度信号转换成电信号供单片机检测，其与单片机接口采用单总线接口方式，硬件电路非常简单，软件编写稍麻烦。本项目利用 DS18B20 检测实时温度，通过 LED 显示检测到的温度值，当温度超过 40℃时蜂鸣器发出持续报警信号。

8.1　任务一：了解温度传感器 DS18B20

DS18B20 是美信公司的一款温度传感器，单片机可以通过 1-Wire 协议与 DS18B20 进行通信，最终将温度读出。1-Wire 总线的硬件接口很简单，只需要把 DS18B20 的数据引脚和单片机的一个 I/O 口接上就可以了。硬件电路非常简单，DS18B20 的硬件原理图如图 8.1 所示。

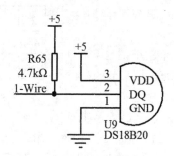

图 8.1　DS18B20 电路原理图

8.1.1　温度传感器 DS18B20 特性

（1）适应电压范围更宽，电压范围：3.0～5.5V，在寄生电源方式下可由数据线供电。

（2）独特的单线接口方式，DS18B20 在与微处理器连接时仅需要一条口线即可实现微处理器与 DS18B20 的双向通信。

（3）DS18B20 支持多点组网功能，多个 DS18B20 可以并联在唯一的三线上，实现组网多点测温。

（4）DS18B20 在使用中不需要任何外围元件，全部传感元件及转换电路集成在形如一只三极管的集成电路内。

（5）温度范围为-55℃～+125℃，在-10℃～+85℃时精度为±0.5℃。

（6）可编程的分辨率为 9～12 位，对应的可分辨温度分别为 0.5℃、0.25℃、0.125℃和0.0625℃，可实现高精度测温。

（7）在 9 位分辨率时最多在 93.75ms 内可把温度值转换为数字，在 12 位分辨率时最多在750ms 内可把温度值转换为数字，速度更快。

（8）测量结果直接输出数字温度信号，以"一线总线"串行传送给 CPU，同时可传送

CRC 校验码，具有极强的抗干扰纠错能力。

（9）负压特性：电源极性接反时，芯片不会因发热而烧毁，但不能正常工作。

8.1.2 应用范围

DS18B20 适用于冷冻库、粮仓、储罐、电讯机房、电力机房、电缆线槽等测温和控制领域；轴瓦、缸体、纺机、空调等狭小空间工业设备测温和控制；汽车空调、冰箱、冷柜，以及中低温干燥箱等；供热/制冷管道热量计量，中央空调分户热能计量和工业领域测温和控制。

8.1.3 温度传感器 DS18B20 引脚定义

（1）GND 为电源地。

（2）DQ 为数字信号输入/输出端。

（3）VDD 为外接供电电源输入端（在寄生电源接线方式时接地）。

8.1.4 温度传感器 DS18B20 工作原理

DS18B20 通过编程，可以实现最高 12 位的温度存储值，在寄存器中，以补码的格式存储，如图 8.2 所示。

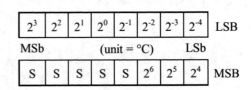

图 8.2 DS18B20 温度数据格式

DS18B20 温度数据一共占 2 个字节，LSB 是低字节，MSB 是高字节，其中 MSb 是字节的高位，LSb 是字节的低位。大家可以看出来，对于二进制数字，每一位代表的温度的含义都表示出来了。其中 S 表示的是符号位，低 11 位都是 2 的幂，用来表示最终的温度。DS18B20 的温度测量范围是从-55℃到+125℃，而温度数据的表现形式，有正负温度，寄存器中每个数字如同卡尺的刻度一样分布，如图 8.3 所示。

TEMPERATURE	DIGITAL OUTPUT (Binary)	DIGITAL OUTPUT (Hex)
+125℃	0000 0111 1101 0000	07D0h
+25.0625℃	0000 0001 1001 0001	0191h
+10.125℃	0000 0000 1010 0010	00A2h
+0.5℃	0000 0000 0000 1000	0008h
0℃	0000 0000 0000 0000	0000h
-0.5℃	1111 1111 1111 1000	FFF8h
-10.125℃	1111 1111 0101 1110	FF5Eh
-25.0625℃	1111 1110 0110 1111	FF6Fh
-55℃	1111 1100 1001 0000	FC90h

图 8.3 DS18B20 温度值

二进制数字最低位变化 1，代表温度变化 0.0625℃的映射关系。当在 0℃的时候，对应十六进制数字就是 0x0000，当温度为 125℃的时候，对应十六进制数字是 0x07D0，当温度是零下 55℃的时候，对应的数字是 0xFC90。反过来说，当数字是 0x0001 的时候，那温度就是 0.0625℃了。

首先，根据手册上 DS18B20 工作协议过程大概讲解一下其工作原理。

（1）初始化

和 I²C 的寻址类似，1-Wire 总线开始也需要检测这条总线上是否存在 DS18B20 这个器件。如果这条总线上存在 DS18B20，总线会根据时序要求返回一个低电平脉冲，如果不存在的话，也就不会返回脉冲，即总线保持为高电平，所以习惯上称之为检测存在脉冲。此外，获取存在脉冲不仅仅是检测是否存在 DS18B20，还要通过这个脉冲过程通知 DS18B20 准备好，单片机要对它进行操作了，如图 8.4 所示。

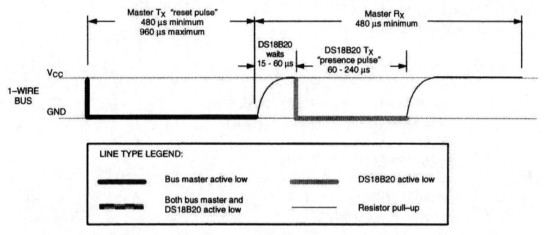

图 8.4 检测存在脉冲

注意看图，实粗线是我们的单片机 I/O 口拉低这个引脚，虚粗线是 DS18B20 拉低这个引脚，细线是单片机和 DS18B20 释放总线后，依靠上拉电阻的作用把 I/O 口引脚拉上去。这个我们前边提到过了，51 单片机释放总线就是给高电平。

在脉冲检测过程中，首先单片机要拉低这个引脚，持续 480μs 到 960μs 之间的时间即可，我们的程序中持续了 500μs。然后，单片机释放总线，就是给高电平，DS18B20 等待 15μs 到 60μs 后，会主动拉低这个引脚 60μs 到 240μs，而后 DS18B20 会主动释放总线，这样 I/O 口会被上拉电阻自动拉高。

由于 DS18B20 时序要求非常严格，所以在操作时序的时候，为了防止中断干扰总线时序，先关闭总中断。然后第一步，拉低 DS18B20 这个引脚，持续 500μs，释放引脚；第二步，延时 60μs；第三步，读取存在脉冲，并且等待 DS18B20 释放总线。

由于开发板上 DS18B20 与单片机连接的接口为 P3.2 端口，因此我们先用一条指令声明该端口，即

```
sbit IO_18B20 = P3^2;
```

定义一个 10μs 的延时程序，用于控制总线时序：

```
void DelayX10us(unsigned char t)
{
    do
    {
        _nop_();
        _nop_();
```

```
                            _nop_();
                            _nop_();
                            _nop_();
                            _nop_();
                            _nop_();
                            _nop_();
                    } while (--t);
            }
```

检测存在脉冲程序如下：

```
            bit Get18B20Ack()
            {
                bit ack;
                EA = 0;                    //禁止总中断
                IO_18B20 = 0;              //单片机将总线电平拉低
                DelayX10us(50);            //产生 500μs 复位脉冲
                IO_18B20 = 1;
                DelayX10us(6);             //延时 60μs
                ack = IO_18B20;            //读取存在脉冲
                while(!IO_18B20);          //等待存在脉冲结束
                EA = 1;    //重新使能总中断
                return ack;

            }
```

（2）ROM 操作指令

每个 DS18B20 内部都有一个唯一的 64 位长的序列号，这个序列号值就存在 DS18B20 内部的 ROM 中。开始的 8 位是产品类型编码（DS18B20 的产品类型编码是 0x10），接着的 48 位是每个器件唯一的序号，最后的 8 位是 CRC 校验码。DS18B20 可以引出去很长的线，最长可以到几十米，测不同位置的温度。单片机可以通过和 DS18B20 之间的通信，获取每个传感器采集到的温度信息，同时也可以给所有的 DS18B20 发送一些指令。这些指令相对来说比较复杂，而且应用很少，所以这里大家有兴趣的话就自己去查手册，我们这里只讲一条总线上接一个器件的指令和程序。

Skip ROM（跳过 ROM）：0xCC。当总线上只有一个器件的时候，可以跳过 ROM，不进行 ROM 检测。

（3）RAM 存储器操作指令

对于 RAM 读取指令，只讲 2 条，其他的大家有需要可以随时去查资料。

Read Scratchpad（读暂存寄存器）：0xBE。这里要注意的是，DS18B20 的温度数据占 2个字节，我们读取数据的时候，先读取到的是低字节的低位，读完了第一个字节后，再读高字节的低位，直到两个字节全部读取完毕。

Convert Temperature（启动温度转换）：0x44。当我们发送一个启动温度转换的指令后，DS18B20 开始进行转换。从转换开始到获取温度，DS18B20 是需要时间的，而这个时间长短取决于 DS18B20 的精度。前边说 DS18B20 最高可以用 12 位来存储温度，但也可以用 11 位、10 位和 9 位，一共有四种格式。位数越高，精度越高，9 位模式最低位变化 1 个数字温度变化

0.5℃，同时转换速度也要快一些，如图 8.5 所示。

R1	R0	Thermometer Resolution	Max Conversion Time
0	0	9-bit	93.75ms
0	1	10-bit	187.5ms
1	0	11-bit	375ms
1	1	12-bit	750ms

图 8.5　DS18B20 温度转换时间

寄存器 R1 和 R0 决定了转换的位数，出厂默认值就是 11，也就是用 12 位表示温度，最大的转换时间是 750ms。当启动转换后，至少要再等 750ms 才能读取温度，否则读到的温度有可能是错误的值。如果读 DS18B20 的时候，第一次读出来的是 85℃，这个值要么是没有启动转换，要么是启动转换了，但还没有等到一次转换彻底完成，读到的是一个错误的数据。

（4）DS18B20 的位读写时序

DS18B20的时序图不是很好理解，大家对照时序图，结合以下解释，一定要把它学明白。写时序图如图8.6所示。

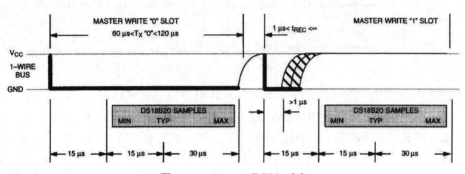

图 8.6　DS18B20 位写入时序

当要给 DS18B20 写入 0 的时候，单片机直接将引脚拉低，持续时间大于 60μs 小于 120μs 就可以了。图 8.6 显示的意思是，单片机先拉低 15μs 之后，DS18B20 会在 15μs 到 60μs 之间的时间内来读取这一位，DS18B20 最早会在 15μs 的时刻读取，典型值是在 30μs 的时刻读取，最多不会超过 60μs，DS18B20 必然读取完毕，所以持续时间超过 60μs 即可。

当要给 DS18B20 写入 1 的时候，单片机先将这个引脚拉低，拉低时间大于 1μs，然后马上释放总线，即拉高引脚，并且持续时间也要大于 60μs。和写 0 类似的是，DS18B20 会在 15μs 到 60μs 之间来读取这个 1。

```
void Write18B20(unsigned char dat)
{
    unsigned char mask;
    EA = 0;                              //禁止总中断
    for (mask=0x01; mask!=0; mask<<=1)   //低位在先，依次移出 8 个 bit
    {
        IO_18B20 = 0;                    //产生 2μs 低电平脉冲
        _nop_();
```

```
        _nop_();
        if ((mask&dat) == 0)    //输出该 bit 值
            IO_18B20 = 0;
        else
            IO_18B20 = 1;
        DelayX10us(6);          //延时 60μs
        IO_18B20 = 1;           //拉高通信引脚
    }
    EA = 1;     //重新使能总中断
}
```

读时序图如图 8.7 所示。

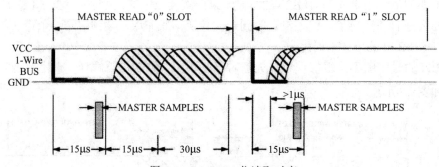

图 8.7　DS18B20 位读取时序

当要读取 DS18B20 的数据的时候，我们的单片机首先要拉低这个引脚，并且至少保持 1μs 的时间，然后释放引脚，释放完毕后要尽快读取。从拉低这个引脚到读取引脚状态，不能超过 15μs。大家从图 8.7 可以看出来，主机采样时间，也就是 MASTER SAMPLES，是在 15μs 之内必须完成的。

DS18B20 所表示的温度值中，有小数和整数两部分。常用的带小数的数据处理方法有两种，一种是定义成浮点型直接处理，另二种是定义成整型，然后把小数和整数部分分离出来，在合适的位置点上小数点即可。我们在程序中使用的是第二种方法。

```
unsigned char Read18B20()
{
    unsigned char dat;
    unsigned char mask;
    EA = 0;     //禁止总中断
    for (mask=0x01; mask!=0; mask<<=1)    //低位在先，依次采集 8 个 bit
    {
    IO_18B20 = 0;           //产生 2μs 低电平脉冲
    _nop_();
    _nop_();
    IO_18B20 = 1;           //结束低电平脉冲，等待 18B20 输出数据
    _nop_();                //延时 2μs
    _nop_();
    if (!IO_18B20)          //读取通信引脚上的值
```

```
                dat &= ~mask;
            else
                dat |= mask;
            DelayX10us(6);          //再延时 60μs
        }
        EA = 1;      //重新使能总中断
        return dat;
    }
```

8.2　任务二：了解蜂鸣器

　　蜂鸣器从结构区分可分为压电式蜂鸣器和电磁式蜂鸣器。压电式为压电陶瓷片发音，电流比较小一些，电磁式蜂鸣器为线圈通电震动发音，体积比较小。

　　蜂鸣器按照驱动方式分为有源蜂鸣器和无源蜂鸣器。这里的有源和无源不是指电源，而是指振荡源。有源蜂鸣器内部带了振荡源，如图 8.8 所示，给了 BUZZ 引脚一个低电平，蜂鸣器就会直接响。而无源蜂鸣器内部是不带振荡源的，必须提供 500Hz～4.5kHz 之间的脉冲频率信号来驱动它才会响。有源蜂鸣器往往比无源蜂鸣器贵一些，因为里边多了振荡电路，驱动发音也简单，靠电平就可以驱动，而无源蜂鸣器价格比较便宜，此外无源蜂鸣器声音频率可以控制，而音阶与频率又有确定的对应关系，因此就可以做出来"do re mi fa so la si"的效果，可以用它制作出简单的音乐曲目，比如生日歌、两只老虎等。

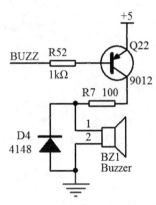

图 8.8　蜂鸣器电路原理图

　　图 8.8 的电路中，由于蜂鸣器需要较大电流才能驱动，因此需要用三极管提高驱动能力，并且加了一个 100 欧的电阻作为限流电阻。此外还加了一个 D4 二极管，这个二极管叫做续流二极管。原因为蜂鸣器是感性器件，当三极管导通给蜂鸣器供电时，就会有导通电流流过蜂鸣器。而我们知道，电感的一个特点就是电流不能突变，导通时电流是逐渐加大的，这点没有问题，但当关断时，"电源－三极管－蜂鸣器－地"这条回路就被截断了，过不了任何电流了，那么储存的电流往哪儿去呢，就是经过 D4 和蜂鸣器自身的环路来消耗掉了，从而就避免了关断时由于电感电流造成的反向冲击。接续关断时的电流，这就是续流二极管名称的由来。

　　蜂鸣器循环演奏"do re mi fa so la si"的程序如下：

```
        #include<reg52.h>
        sbit BUZZ = P1^6;
        unsigned int code Frequency[] = {523, 587, 659,
                                        698, 784, 880, 988};
        unsigned char TH0RL;
        unsigned char TL0RL;
        void delay_ms(unsigned int cnt);
        void LoadInitialVal(unsigned int f)
        {
```

```
            unsigned int X;
            X = 65536 - 11059200/12/(2*f);
            TH0RL = (unsigned char)(X >> 8);
            TL0RL = (unsigned char)X;
        }
    void main()
    {
        unsigned char i;
        TMOD = 0x01;
        EA = 1;
        ET0 = 1;
        TR0 = 1;
        while(1)
        {
            for(i=0; i<7; i++)
            {
                LoadInitialVal(Frequency[i]);
                delay_ms(1000);
            }
        }
    }

    void timer0() interrupt 1
    {
        BUZZ = ~BUZZ;
        TH0 = TH0RL;
        TL0 = TL0RL;
    }
    void delay_ms(unsigned int cnt)
    {
        unsigned char i;
        while(cnt--)
        {
            for(i=0; i<=110; i++);
        }
    }
```

8.3   任务三：制作温度报警器

项目功能实现：用 DS18B20 检测实时温度，通过 LED 显示温度值，当温度超过某一值时蜂鸣器报警，延时一段时间后继电器动作（实验板没有继电器）。

参考程序如下：

```c
#include <reg52.h>
#include <intrins.h>
#define uchar unsigned char
#define uint unsigned int
sbit IO_18B20 = P3^2;    //DS18B20 通信引脚
sbit ADDR0 = P1^0;
sbit ADDR1 = P1^1;
sbit ADDR2 = P1^2;
sbit ADDR3 = P1^3;
sbit ENLED = P1^4;
sbit BUZZ = P1^6;        //蜂鸣器控制引脚
uint temp=0;             //定义温度数据
uint warn_temp=300;  //报警温度门限值
uchar code Ledduan[]={
    0xC0, 0xF9, 0xA4, 0xB0, 0x99, 0x92, 0x82, 0xF8,
    0x80, 0x90, 0x88, 0x83, 0xC6, 0xA1, 0x86, 0x8E
    };
uchar code Ledduan1[]={
    0x40, 0x79, 0x24, 0x30, 0x19, 0x12, 0x02, 0x78,
    0x00, 0x10, 0x08, 0x03, 0x46, 0x21, 0x06, 0x0E
    };
uchar ledwei[6]={0,0,0,0,0,0};
void dispaly(uint temp);
uint Get18B20Temp();
void start_18B20();
void Delay10us(uint t);
//void temp_warn(uint temp) ;
void main()
{
  // uchar sum;
    ENLED = 0;
    ADDR3 = 1;
    start_18B20();
     Get18B20Temp();
     Delay10us(40000);
    while(1)
      {
          start_18B20();
          dispaly(Get18B20Temp());
           if(temp>warn_temp)
            {
              BUZZ=~BUZZ;
            }

        }
}
```

```
/*软件延时函数，延时时间为(t*10)μs */
void Delay10us(uint t)
{
    do {
        _nop_();
        _nop_();
        _nop_();
        _nop_();
        _nop_();
        _nop_();
        _nop_();
        _nop_();
    } while (--t);
}
/*初始化 18B20 中要有复位脉冲和存在脉冲*/
bit init_18B20( )
{
    bit ack;
    IO_18B20=1;
        _nop_();
        _nop_();
    IO_18B20 = 0;
    Delay10us(50);
    IO_18B20 = 1;
    Delay10us(5);
    ack = IO_18B20;
    Delay10us(20);          //总线释放
    IO_18B20=1;
    return ack;
}
void Write18B20(uchar date)
{
    uchar sum;
    for(sum=0x01; sum!= 0; sum<<=1)
    {
        IO_18B20 = 0;
        _nop_();
        _nop_();
        if((sum&date) == 0)
            IO_18B20 = 0;
        else
            IO_18B20 = 1;
        Delay10us(6);
```

```
        IO_18B20 = 1;
    }
}
uchar Read18B20()
{
    uchar date;
    uchar sum;

    for(sum=0x01; sum!=0; sum<<=1)
    {
        IO_18B20 = 0;
        _nop_();
        _nop_();
        IO_18B20 = 1;
        _nop_();
        _nop_();
        if(!IO_18B20)
                date &= ~sum;
        else
                date |= sum;
        Delay10us(6);
    }
    return date;
}
/* 18B20 获取温度并转换 */
void start_18B20()
{
    bit ack;
    ack= init_18B20( );

    if(ack==0)
    {
     Write18B20(0xcc);
     Write18B20(0x44);
    }
}
uint Get18B20Temp()
{
    uchar MSB,LSB;
    float sum;
    bit ack;
    ack= init_18B20( );
    if(ack==0)
```

```
        {
        Write18B20(0xCC);
        Write18B20(0xBE);
        LSB = Read18B20();
        MSB = Read18B20();
        temp = ((int)MSB<<8) + LSB;
        sum=temp*0.0625; //温度读取
        temp=sum*10+0.5;//小数点保留一位，加 0.5 为四舍五入
        }
        return temp;
    }
    void dispaly(uint temp1)
    {
            static uchar i = 0;         //此处必须为静态变量或者全局变量
             ledwei[0]=Ledduan[temp1%10];
             ledwei[1]=Ledduan1[ temp1/10%10];
            ledwei[2]=Ledduan[ temp1/100%10];
            P0 = 0xFF;
            switch(i)
                {
                    case 0: ADDR2=0; ADDR1=0; ADDR0=0; i++; P0=ledwei[0];break;
                    case 1: ADDR2=0; ADDR1=0; ADDR0=1; i++; P0=ledwei[1];break;
                    case 2: ADDR2=0; ADDR1=1; ADDR0=0; i=0; P0=ledwei[2];break;
                    default:break;
                }
    }
```

将上述程序编译一下，并下载到单片机中，观察运行结果并分析。

思考：

1. 怎么测量负温度，并编写程序？
2. 怎么把测量到的温度通过 LCD 显示出来？（写出显示程序）
3. 当温度超过设置值时，怎么设置使蜂鸣器发出某首音乐声？

项目九　A/D 与 D/A 转换

项目描述：在实际的测量和控制系统中检测到的常是时间、数值都连续变化的物理量，这种连续变化的物理量称为模拟量，与此对应的电信号是模拟电信号。模拟量要输入到单片机中进行处理，首先要经过模拟量到数字量的转换，单片机才能接收、处理。实现模/数转换的部件称 A/D 转换器或 ADC（Analog to Digital Converter）。实现数/模转换的部件就称 D/A 转换器或 DAC（Digital to Analog Converter）。A/D 与 D/A 的道理是完全一样的，只是转换方向不同，因此我们讲解过程主要以 A/D 为例来讲解。本项目是将 PCF8591 采样到的电压通过 8 位发光二极管显示（通过调节单片机实验板上面的滑动变阻器来改变采样电压）。

9.1　任务一：了解 A/D 转换

由于模拟量在时间和（或）数值上是连续的，而数字量在时间和数值上都是离散的，所以转换时要在时间上对模拟信号离散化（采样），还要在数值上离散化（量化），一般步骤如图 9.1 所示。

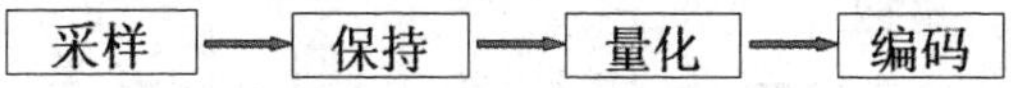

图 9.1　A/D 转换步骤

9.1.1　A/D 的主要指标

我们在选取和使用 A/D 的时候，依靠什么指标来判断很重要，下面介绍 A/D 的主要指标。

（1）ADC 的位数

一个 n 位的 ADC 表示这个 ADC 共有 2^n 个刻度。8 位的 ADC，输出的是 0～255，一共 256 个数字量，也就是 2^8 个数据刻度。

（2）基准源

基准源，也叫基准电压，是 ADC 的一个重要指标，要想把输入 ADC 的信号测量准确，那么基准源首先要准，基准源的偏差会直接导致转换结果的偏差。假如我们的基准源应该是 5.10V，但实际上提供的却是 4.5V，这样误把 4.5V 当成了 5.10V 来处理的话，偏差会比较大。

（3）分辨率

分辨率是数字量变化一个最小刻度时模拟信号的变化量，定义为满刻度量程与 2^n 的比值，其中 n 为 ADC 的位数。

例如，A/D 转换器 AD574A 的分辨率为 12 位，即该转换器的输出数据可以用 2^{12} 个二进制数进行量化，其分辨率为 1LSB。用百分数来表示分辨率为：

$$1/2^{12} \times 100\% = (1/4096) \times 100\% \approx 0.024414\% \approx 0.0244\%$$

当转换位数相同，而输入电压的满量程值 VFS 不同时，可分辨的最小电压值不同。例如，分辨率为 12 位，VFS = 5V 时，可分辨的最小电压是 1.22mV；而 VFS = 10V 时，可分辨的最小电压是 2.44mV，当输入电压的变化低于此值时，转换器不能分辨。例如，4.999～5V 所转换的数字量均为 4095。

（4）精度

某一数码所对应的实际模拟电压与其理想的电压值之间的误差定义为精度。

（5）转换速率

转换速率是指 ADC 每秒能进行采样转换的最大次数，单位是 sps（或 s/s、sa/s，即 samples per second），它与 ADC 完成一次从模拟量到数字量的转换所需要的时间互为倒数关系。ADC 的种类比较多，其中积分型的 ADC 转换时间是毫秒级的，属于低速 ADC；逐次逼近型 ADC 转换时间是微秒级的，属于中速 ADC；并行/串行的 ADC 的转换时间可达到纳秒级，属于高速 ADC。

9.1.2 PCF8591 的硬件接口

PCF8591 是一个单电源低功耗的 8 位 CMOS 数据采集器件，具有 4 路模拟输入、1 路模拟输出和一个串行 I²C 总线接口来与单片机通信。3 个地址引脚 A0、A1、A2 用于对硬件地址编程，允许最多 8 个器件连接到 I²C 总线而不需要额外的片选电路。器件的地址、控制以及数据都是通过 I²C 总线来传输，PCF8591 的原理图如图 9.2 所示。

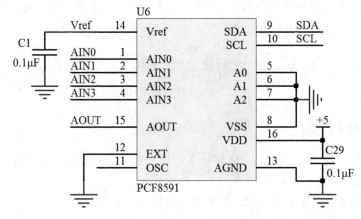

图 9.2 PCF8591 原理图

其中引脚 1、2、3、4 是 4 路模拟输入，引脚 5、6、7 是 I²C 总线的硬件地址，8 脚是数字地 GND，9 脚和 10 脚是 I²C 总线的 SDA 和 SCL。12 脚是时钟选择引脚，如果接高电平表示用外部时钟输入，接低电平则用内部时钟，我们这套电路用的是内部时钟，因此 12 脚直接接 GND，同时 11 脚悬空。13 脚是模拟地 AGND，在实际开发中，如果有比较复杂的模拟电路，那么 AGND 部分在布局布线上要特别处理，而且和 GND 的连接也有多种方式。在我们板子上没有复杂的模拟部分电路，所以把 AGND 和 GND 接到一起。14 脚是基准源，15 脚是 DAC 的模拟输出，16 脚是供电电源 VDD。

PCF8591 的 ADC 是逐次逼近型的，转换速率算是中速，但是它的速度瓶颈在 I²C 通信上。由于 I²C 通信速度较慢，所以最终的 PCF8591 的转换速度，直接取决于 I²C 的通信速率。由于 I²C 速度的限制，所以 PCF8591 只能算是个低速的 AD 和 DA 的集成，主要应用在一些转换速度要求不高、希望成本较低的场合，比如电池供电设备、测量电池的供电电压、电压低于某一个值、报警提示更换电池等类似场合。

Vref 基准电压的提供有两种方法。一是采用简易的原则，直接接到 VCC 上去，但是由于 VCC 会受到整个线路的用电功耗情况影响，一来不是准确的 5V，实测大多在 4.8V 左右，二来随着整个系统负载情况的变化电压会产生波动，所以只能用在简易的、对精度要求不高的场合。方法二是使用专门的基准电压器件，比如 TL431，它可以提供一个精度很高的 2.5V 的电压基准，这是我们通常采用的方法，如图 9.3 所示。

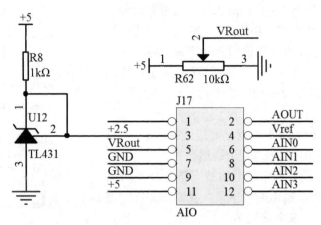

图 9.3　PCF8591 基准与对外接口原理图

图 9.3 中 J17 是双排插针，大家可以根据自己的需求选择跳线帽短接还是使用杜邦线连接其他外部电路，二者都是可以的。在这个地方，我们直接把 J17 的 3 脚和 4 脚用跳线帽短路起来，那么现在 Vref 的基准源就是 2.5V 了。分别把 5 和 6、7 和 8、9 和 10、11 和 12 用跳线帽短接起来的话，那么我们的 AIN0 实测的就是电位器的分压值，AIN1 和 AIN2 测的是 GND 的值，AIN3 测的是+5V 的值。这里需要注意的是，AIN3 虽然测的是+5V 的值，但是对于 AD 来说，只要输入信号超过 Vref 基准源，它得到的始终都是最大值，即 255，也就是说它实际上无法测量超过其 Vref 基准源的电压信号。需要注意的是，所有输入信号的电压值都不能超过 VCC，即+5V，否则可能会损坏 ADC 芯片。

9.1.3　PCF8591 的软件编程

PCF8591 的通信接口是 I^2C，那么编程肯定是要符合这个协议的。单片机对 PCF8591 进行初始化，一共发送三个字节即可。第一个字节，和 EEPROM 类似，是器件地址字节，其中 7 位代表地址，1 位代表读写方向。地址高 4 位固定是 0b1001，低三位是 A2、A1、A0，这三位我们在电路上都接了 GND，因此也就是 0b000，如图 9.4 所示。

发送到 PCF8591 的第二个字节将被存储在控制寄存器，用于控制 PCF8591 的功能。其中第 3 位和第 7 位是固定的 0，另外 6 位各自有各自的作用，如图 9.5 所示。

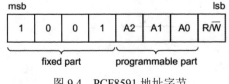

图 9.4　PCF8591 地址字节

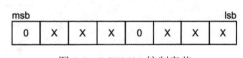

图 9.5　PCF8591 控制字节

控制字节的第 6 位是 DA 使能位，这一位置 1 表示 DA 输出引脚使能，会产生模拟电压输出功能。第 4 位和第 5 位可以把 PCF8591 的 4 路模拟输入配置成单端模式和差分模式，如图 9.6 所示。

控制字节的第 2 位是自动增量控制位，自动增量的意思就是，比如我们一共有 4 个通道，当我们全部使用的时候，读完了通道 0，下一次会自动进入通道 1 进行读取，不需要我们指定下一个通道，由于 A/D 每次读到的数据都是上一次的转换结果，所以在使用自动增量功能的时候要特别注意，当前读到的是上一个通道的值。为了保持程序的通用性，我们的代码没有使用这个功能，直接做了一个通用的程序。

控制字节的第 0 位和第 1 位就是通道选择位了，00、01、10、11 代表了从 0~3 一共 4 个通道选择。

发送给 PCF8591 的第三个字节将被存储在 D/A 数据寄存器，表示 D/A 模拟输出的电压值。我们如果仅仅使用 A/D 功能的话，就可以不发送第三个字节。

9.1.4　任务实施

功能要求：将采样到的电压通过 8 位发光二极管显示，如图 9.7 所示（通过调节单片机实验板上面的滑动变阻器来改变采样电压）。

注意事项：

①该器件为 I^2C 接口。

②图 9.7 所示为金沙滩开发板的默认连接方式，参考电压 Vref 为 2.5V，但是 AIN0 接的 VRout 电压由 0~5V 变化，AD 转换电压当到达 2.5V 之后就不再增加了，一直都是 2.5V。解决方法：使用一根排线把 J17 的 11 脚与 4 脚连接起来即可。

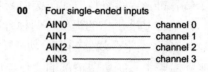

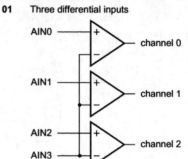

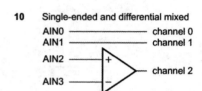

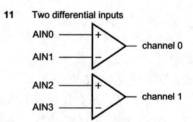

图 9.6　PCF8591 模拟输入配置方式

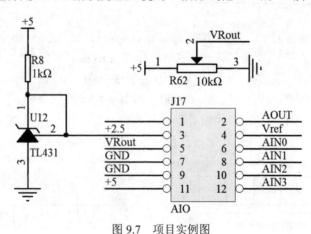

图 9.7　项目实例图

下面为项目操作步骤：请把 J17 的 11 脚和 4 脚用排线短路起来，把 5 脚和 6 脚用跳线帽短接起来，同时转动电位器，会发现 AIN0 的值发生变化，并观察实验板 8 盏 LED 灯的变化情况。下面为项目程序：

```c
#include <reg52.h>

bit flag300ms = 1;          //300ms 定时标志
unsigned char T0RH = 0;     //T0 重载值的高字节
unsigned char T0RL = 0;     //T0 重载值的低字节

void ConfigTimer0(unsigned int ms);
unsigned char GetADCValue(unsigned char chn);
extern void I2CStart();
extern void I2CStop();
extern unsigned char I2CReadACK();
extern unsigned char I2CReadNAK();
extern bit I2CWrite(unsigned char dat);

sbit ADDR0 = P1^0;
sbit ADDR1 = P1^1;
sbit ADDR2 = P1^2;
sbit ADDR3 = P1^3;
sbit ENLED = P1^4;

void LED_init()
{
    ENLED = 0;
    ADDR3 = 1;
    ADDR2 = 1;
    ADDR1 = 1;
    ADDR0 = 0;
}
void main()
{
    unsigned int val;
//    unsigned char str[10];
    unsigned int i,a;

    EA = 1;                 //开总中断
    ConfigTimer0(10);       //配置 T0 定时 10ms
    LED_init();
    while (1)
    {
        if (flag300ms==1)
```

```
                {
                    flag300ms = 0;
                    a = GetADCValue(0);        //获取 ADC 通道 0 的转换值
                    P0 =~a;
                }
            }
        }
unsigned char GetADCValue(unsigned char chn)
{
    unsigned char val;

    I2CStart();
    if(!I2CWrite(0x48<<1))
    {
        I2CStop();
        return 0;
    }
    I2CWrite(0x40 | chn);
    I2CStart();
    I2CWrite(0x48<<1 | 0x01);
    I2CReadACK();
    val = I2CReadNAK();
    I2CStop();

    return val;
}
/* 配置并启动 T0，ms 为 T0 定时时间 */
void ConfigTimer0(unsigned int ms)
{
    unsigned long tmp;     //临时变量

    tmp = 11059200 / 12;              //定时器计数频率
    tmp = (tmp * ms) / 1000;          //计算所需的计数值
    tmp = 65536 - tmp;                //计算定时器重载值
    tmp = tmp + 32;                   //补偿中断响应延时造成的误差
    T0RH = (unsigned char)(tmp>>8);   //定时器重载值拆分为高低字节
    T0RL = (unsigned char)tmp;
    TMOD &= 0xF0;          //清零 T0 的控制位
    TMOD |= 0x01;          //配置 T0 为模式 1
    TH0 = T0RH;            //加载 T0 重载值
    TL0 = T0RL;
    ET0 = 1;              //使能 T0 中断
    TR0 = 1;              //启动 T0
}
```

```
/* T0 中断服务函数，执行 300ms 定时 */
void InterruptTimer0() interrupt 1
{
    static unsigned char tmr300ms = 0;

    TH0 = T0RH;   //重新加载重载值
    TL0 = T0RL;
    tmr300ms++;
    if (tmr300ms >= 30)   //定时 1000ms
    {
        tmr300ms = 0 ;
        flag300ms = 1;
    }
}
```

9.2　任务二：了解 D/A 转换

D/A 和 A/D 刚好是反方向的，一个 8 位的 D/A，输出的是 0～255，若其代表了 0～2.55V 的话，那么我们用单片机给第三个字节发送 100，D/A 引脚就输出一个 1V 的电压，发送 200 就输出一个 2V 的电压。下面我们用一个简单的程序实现出来，并且通过上、下按键可以增大或减小输出幅度值，每次增加或减小 0.1V。如果有万用表的话，可以直接测试一下板子上 AOUT 点的输出电压，观察它的变化。由于 PCF8591 的 DA 输出偏置误差最大是 50mV（由数据手册提供），所以我们用万用表测到的电压值和理论值之间的误差就应该在 50mV 以内。

```
#include <reg52.h>
unsigned char T0RH = 0;   //T0 重载值的高字节
unsigned char T0RL = 0;   //T0 重载值的低字节
void ConfigTimer0(unsigned int ms);
extern void KeyScan();
extern void KeyDriver();
extern void I2CStart();
extern void I2CStop();
extern bit I2CWrite(unsigned char dat);
void main()
{
    EA = 1;            //开总中断
    ConfigTimer0(1);  //配置 T0 定时 1ms
    while (1)
    {
    KeyDriver();   //调用按键驱动
    }
}
/*设置 DAC 输出值, val 为设定值*/
```

```
void SetDACOut(unsigned char val)
{
    I2CStart();
    if (!I2CWrite(0x48<<1)) //寻址 PCF8591，如未应答，则停止操作并返回
    {
        I2CStop();
        return;
    }
    I2CWrite(0x40);            //写入控制字节
    I2CWrite(val);             //写入 DA 值
    I2CStop();
}
/*按键动作函数，根据键码执行相应的操作，keycode 为按键键码*/
void KeyAction(unsigned char keycode)
{
    static unsigned char volt = 0;   //输出电压值，隐含了一位十进制小数位
    if (keycode == 0x26)             //向上键，增加 0.1V 电压值
    {
        if (volt < 25)
        {
            volt++;
            SetDACOut(volt*255/25); //转换为 AD 输出值
        }
    }
    else if (keycode == 0x28)   //向下键，减小 0.1V 电压值
    {
        if (volt > 0)
        {
            volt--;
            SetDACOut(volt*255/25); //转换为 AD 输出值
        }
    }
}
/*配置并启动 T0，ms 为 T0 定时时间*/
void ConfigTimer0(unsigned int ms)
{
    unsigned long tmp;          //临时变量
    tmp = 11059200 / 12;        //定时器计数频率
    tmp = (tmp * ms) / 1000;    //计算所需的计数值
    tmp = 65536 -tmp;           //计算定时器重载值
    tmp = tmp + 28;             //补偿中断响应延时造成的误差
    T0RH = (unsigned char)(tmp>>8);   //定时器重载值拆分为高低字节
    T0RL = (unsigned char)tmp;
```

```
        TMOD &= 0xF0;    //清零 T0 的控制位
        TMOD |= 0x01;    //配置 T0 为模式 1
        TH0 = T0RH;      //加载 T0 重载值
        TL0 = T0RL;
        ET0 = 1;         //使能 T0 中断
        TR0 = 1;         //启动 T0
    }
    /* T0 中断服务函数，执行按键扫描*/
    void InterruptTimer0() interrupt 1
    {
        TH0 = T0RH;      //重新加载重载值
        TL0 = T0RL;
        KeyScan();       //按键扫描
    }
```

将上述程序编译一下，并下载到单片机中，观察运行结果并分析。

思考：

1. 如何将 AD 采集到的数值显示到数码管上？

2. 把金沙滩开发板上的 J17 排针口的排线取下，所有排针用短路帽短接，把程序下载到开发板，扭动旁边的电位器 R62，根据看到的现象解释为什么达不到实验要求；取下短路帽，按原先的排线连接方式，把程序下载到开发板，扭动旁边的电位器 R62，根据看到的现象解释为什么可以达到预先的要求；最后综合两个现象得出一个详细的总结。

项目十 实时时钟 DS1302

项目描述：在很多电子设备中，通常需要显示时间这个功能，因此很多芯片公司设计出了各种各样的实时时钟芯片。如 DS1302、 DS1338、DS1337 等。这些芯片价格低廉、操作起来非常方便，被广泛地采用。本项目用具有代表性且综合性能较高的 DS1302 时钟芯片设计了一个高精度时钟，精度可达到微秒级，并具有闹钟功能。

10.1 任务一：了解DS1302

10.1.1 DS1302 的特点

DS1302 实时时钟芯片广泛应用于电话、传真、便携式仪器等产品领域，它的主要性能指标如下：

（1）DS1302 是一个实时时钟芯片，可以提供秒、分、小时、日期、月、年等信息，并且还有软件自动调整功能，可以通过配置 AM/PM 来决定采用 24 小时格式还是 12 小时格式。

（2）拥有 31 字节数据存储 RAM。

（3）采用串行 I/O 通信方式，相对并行来说比较节省 I/O 口的使用。

（4）DS1302 的工作电压范围比较宽，它在 2.0～5.5V 的范围内都可以正常工作。

（5）DS1302 这种时钟芯片功耗一般都很低，它在工作电压为 2.0V 的时候，工作电流小于 300nA。

（6）DS1302 共有 8 个引脚，有两种封装形式：一种是 DIP-8 封装，芯片宽度（不含引脚）是 300mil；一种是 SOP-8 封装，有两种宽度，一种是 150mil，另一种是 208mil。我们看一下 DS1302 的引脚封装图，如图 10.1 所示。

（7）当供电电压是 5V 的时候，DS1302 兼容标准的 TTL 电平标准，可以完美地和单片机进行通信。

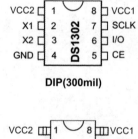

（8）由于 DS1302 是 DS1202 的升级版本，所以所有的功能都兼容 DS1202。此外 DS1302 有两个电源输入，一个是主电源，另一个是备用电源，比如可以用电池或者大电容，这样做是为了在系统掉电的情况下，时钟还会继续走。如果使用的是充电电池，还可以在正常工作时设置充电功能，给我们的备用电池进行充电。

DIP(300mil)

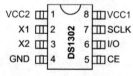

DS1302 的第二条特点"拥有 31 字节数据存储 RAM"，这是 DS1302 额外存在的资源。这 31 字节的 RAM 相当于一个存储器，我们编写单片机程序的时候，可以把想存储的数据存储在 DS1302里边，需要的时候再读出来，功能和 EEPROM 有点类似，相当于一个掉电丢失数据的"EEPROM"。如果我们的时钟电路加上备用

SOP(208 mil/150mil)

图 10.1 DS1302 封装图

电池，那么这 31 个字节的 RAM 就可以替代 EEPROM 的功能了。这 31 字节的 RAM 功能使

用很少，所以在这里我们就不讲了，大家了解即可。

10.1.2 DS1302 的硬件电路

我们平时所用的不管是单片机，还是其他一些电子器件，根据使用条件的约束，可以分为商业级和工业级，主要是工作温度范围的不同，DS1302 的购买信息如图 10.2 所示。

PART	TEMP RANGE	PIN-PACKAGE	TOP MARK*
DS1302+	0°C to +70°C	8 PDIP (300 mil)	DS1302
DS1302N+	-40°C to +85°C	8 PDIP (300 mil)	DS1302
DS1302S+	0°C to +70°C	8 SO (208 mil)	DS1302S
DS1302SN+	-40°C to +85°C	8 SO (208 mil)	DS1302S
DS1302Z+	0°C to +70°C	8 SO (150 mil)	DS1302Z
DS1302ZN+	-40°C to +85°C	8 SO (150 mil)	DS1302ZN

图 10.2 DS1302 订购信息

在订购 DS1302 的时候，就可以根据图中标识的内容来跟销售厂家沟通，商业级的工作温度范围略窄，是 0～70℃，而工业级的可以工作在-40～85℃。TOP MARK 就是指在芯片上印的字。

DS1302 一共有 8 个引脚，下边根据引脚分布图和典型电路图来介绍一下每个引脚的功能，如图 10.3 和图 10.4 所示。

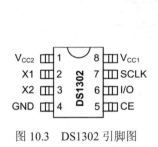

图 10.3 DS1302 引脚图

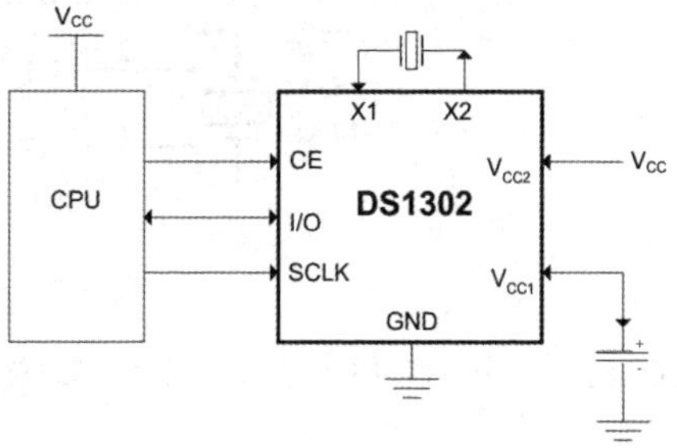

图 10.4 DS1302 典型电路

1 脚 V_{CC2} 是主电源正极的引脚，2 脚 X1 和 3 脚 X2 是晶振输入和输出引脚，4 脚 GND 是负极，5 脚 CE 是使能引脚，接单片机的 I/O 口，6 脚 I/O 是数据传输引脚，接单片机的 I/O 口，7 脚 SCLK 是通信时钟引脚，接单片机的 I/O 口，8 脚 V_{CC1} 是备用电源引脚。考虑到 KST-51 开发板是一套以学习为目的的板子，加上备用电池对航空运输和携带不方便，所以 8 脚没有接备用电池，而是接了一个 10μF 的电容，这个电容就相当于一个电量很小的电池，经过试验测量得出其可以在系统掉电后仍维持 DS1302 运行 1 分钟左右，如果大家想运行时间再长，可以加大电容的容量或者换成备用电池，如果掉电后不需要它再维持运行，也可以悬空，如图 10.5 和图 10.6 所示。

涓流充电功能，基本也用不到，因为实际应用中很少会选择可充电电池作为备用电源，成本太高，本课程也不讲了，大家作为选学即可。我们使用的时候直接用 5V 电源接一个二极管，在主电源上电的情况下给电容充电，在主电源掉电的情况下，二极管可以防止电容向主电路放电，而仅用来维持 DS1302 的供电，这种电路的最大用处是在电池供电系统中更换主电池的时候保持实时时钟的运行不中断，1 分钟的时间对于更换电池足够了。此外，通过我们的使用经验，在 DS1302 的主电源引脚串联一个 1kΩ 电阻可以有效地防止电源对 DS1302 的冲击，R6 就是这个电阻，而 R9、R26、R32 都是上拉电阻。

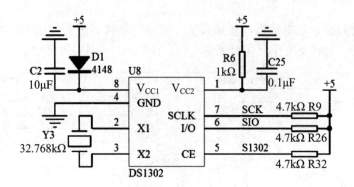

图 10.5　DS1302 电容作备用电源

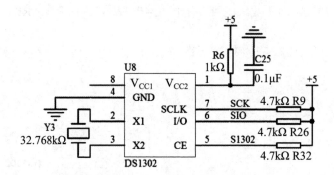

图 10.6　DS1302 无备用电源

下面我们分别介绍8个引脚功能，如表10.1所示。

表 10.1　DS1302 引脚功能图

引脚编号	引脚名称	引脚功能
1	V_{CC2}	主电源引脚，当 V_{CC2} 比 V_{CC1} 高 0.2V 以上时，DS1302 由 V_{CC2} 供电，当 V_{CC2} 低于 V_{CC1} 时，由 V_{CC1} 供电
2	X1	这两个引脚需要接一个 32.768kHz 的晶振，给 DS1302 提供一个基准。特别注意，要求这个晶振的引脚负载电容必须是 6pF，而不是要加 6pF 的电容。如果使用有源晶振的话，接到 X1 上即可，X2 悬空
3	X2	
4	GND	接地
5	CE	DS1302 的使能输入引脚。当读写 DS1302 的时候，这个引脚必须是高电平，DS1302 这个引脚内部有一个 40kΩ 的下拉电阻
6	I/O	这个引脚是一个双向通信引脚，读写数据都是通过这个引脚完成。DS1302 这个引脚的内部含有一个 40kΩ 的下拉电阻
7	SCLK	输入引脚。SCLK 是用来作为通信的时钟信号。DS1302 这个引脚的内部含有一个 40kΩ 的下拉电阻
8	V_{CC1}	备用电源引脚

DS1302 电路的一个重点就是晶振电路，它所使用的晶振是一个 32.768kHz 的晶振，晶振外部也不需要额外添加其他的电容或者电阻了。时钟的精度，首先取决于晶振的精度以及晶振的引脚负载电容。如果晶振不准或者负载电容过大或过小，都会导致时钟误差过大。最后一个考虑因素是晶振的温漂。随着温度的变化，晶振的精度也会发生变化，因此，在实际的系统中，其中一种方法就是经常校对。比如我们所用的电脑的时钟，通常我们会设置一个选项"将计算机设置与 Internet 时间同步"。选中这个选项后，一般过一段时间，我们的计算机就会和 Internet 时间校准同步一次。

10.1.3　DS1302 寄存器介绍

DS1302 的一个命令字节共有 8 位，其中第 7 位（即最高位）固定为 1，这一位如果是 0 的话，写进去也是无效的。第 6 位是选择 RAM 还是 CLOCK 的，我们这里主要讲 CLOCK 时钟的使用，它的 RAM 功能我们不用，所以如果选择 CLOCK 功能，第 6 位是 0，如果要用 RAM，那第 6 位就是 1。第 5 位到第 1 位，决定了寄存器的 5 位地址，而第 0 位是读写位，如果要写，这一位就是 0，如果要读，这一位就是 1。指令字节直观位分配如图 10.7 所示。

7	6	5	4	3	2	1	0
1	RAM / $\overline{\text{CK}}$	A4	A3	A2	A1	A0	RD / $\overline{\text{WR}}$

图 10.7　DS1302 命令字节

对于 DS1302 时钟的寄存器，其中 8 个和时钟有关，5 位地址在 0b00000～0b00111 间，还有一个寄存器的地址是 01000，这是涓流充电所用的寄存器，我们这里不讲。在 DS1302 的数据手册里的地址，直接把第 7 位、第 6 位和第 0 位值给出来了，所以指令就成了 0x80、0x81 等，最低位是 1 表示读，最低位是 0 表示写，如图 10.8 所示。

READ	WRITE	BIT 7	BIT 6	BIT 5	BIT 4	BIT 3	BIT 2	BIT 1	BIT 0	RANGE
81h	80h	CH	10 Seconds			Seconds				00～59
83h	82h	10 Minutes				Minutes				00～59
85h	84h	12/$\overline{24}$	0	10 AM/PM	Hour	Hour				1～12/0～23
87h	86h	0	0	10 Date		Date				1～31
89h	88h	0	0	0	10 Month	Month				1～12
8Bh	8Ah	0	0	0	0	0	Day			1～7
8Dh	8Ch	10 Year				Year				00～99
8Fh	8Eh	WP	0	0	0	0	0	0	0	—
91h	90h	TCS	TCS	TCS	TCS	DS	DS	RS	RS	—

图 10.8　DS1302 的时钟寄存器

寄存器 0：最高位 CH 是一个时钟停止标志位。如果时钟电路有备用电源，上电后，我们要先检测一下这一位，如果这一位是 0，那说明时钟芯片在系统掉电后，由于备用电源的供给，时钟是持续正常运行的；如果这一位是 1，那么说明时钟芯片在系统掉电后，时钟部分不工作了。如果 V_{CC1} 悬空或者是电池没电了，当我们下次重新上电时，读取这一位，那这一位就是 1，我们可以通过这一位判断时钟在单片机系统掉电后是否还正常运行。剩下的 7 位中高 3 位是秒的十位，低 4 位是秒的个位，这里再请注意一次，DS1302 内部是 BCD 码，而秒的十位最大是 5，所以 3 个二进制位就够了。

寄存器 1：最高位未使用，剩下的 7 位中高 3 位是分钟的十位，低 4 位是分钟的个位。

寄存器 2：BIT7 是 1 的话代表是 12 小时制，0 代表是 24 小时制；BIT6 固定是 0，BIT5 在 12 小时制下 0 代表的是上午，1 代表的是下午，在 24 小时制下和 BIT 4 一起代表了小时的十位，低 4 位代表的是小时的个位。

寄存器 3：高 2 位固定是 0，BIT5 和 BIT4 是日期的十位，低 4 位是日期的个位。

寄存器 4：高 3 位固定是 0，BIT4 是月的十位，低 4 位是月的个位。

寄存器 5：高 5 位固定是 0，低 3 位代表了星期。

寄存器 6：高 4 位代表了年的十位，低 4 位代表了年的个位。请特别注意，这里的 00～99 指的是 2000 年～2099 年。

寄存器 7：是最高位的一个写保护位，如果这一位是 1，那么禁止给任何其他寄存器或者 31 字节的 RAM 写数据。因此在写数据之前，这一位必须先写成 0。

10.1.4　DS1302 通信时序介绍

DS1302 有三根线，分别是 CE、I/O 和 SCLK，其中 CE 是使能线，SCLK 是时钟线，I/O 是数据线。下面我们解析 DS1302 的通信方式。

先看一下单字节写入操作，如图 10.9 所示。

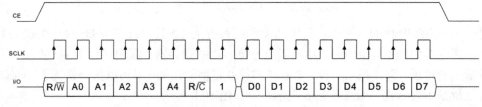

图 10.9　DS1302 单字节写操作

图 10.9 中，使能信号 CE 为高电平时有效，对于通信写数据，在 SCLK 的上升沿，从机进行采样，下降沿的时候，主机发送数据。需要注意的是 DS1302 的写操作时序，单片机要预先写一个字节指令，需指明要写入的寄存器的地址以及后续的操作是写操作，然后再写入一个字节的数据。

对于单字节读操作时序图，如图 10.10 所示，读操作与写操作时序相似，这里不做讲解。

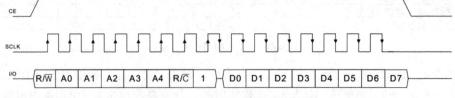

图 10.10　DS1302 单字节读操作

读操作有两处需要特别注意的地方。第一，DS1302 的时序图上的箭头都是针对 DS1302 来说的，因此读操作的时候，先写第一个字节指令，上升沿的时候 DS1302 来锁存数据，下降沿时我们用单片机发送数据。到了第二个字节时 DS1302 下降沿输出数据，我们的单片机上升沿来读取，因此箭头从 DS1302 角度来说，出现在了下降沿。

第二个需要注意的地方就是，通过实验发现，如果先读取 I/O 线上的数据，再拉高 SCLK 产生上升沿，那么读到的数据一定是正确的，而颠倒顺序后数据就有可能出错。因此这里我们按照先读取 I/O 数据，再拉高 SCLK 产生上升沿的顺序。

10.2　任务二：设计具有闹钟功能的高精度时钟

用 DS1302 时钟芯片设计一个高精度时钟，并使其具有闹钟功能。

按键要求：初始化程序令 KeyIn1=0、KeyIn2=1、KeyIn3=1、KeyIn4=1；K1 为设置，K5 为加、K9 为减，K13 返回，按键在低电平时有效，如图 10.11 所示。

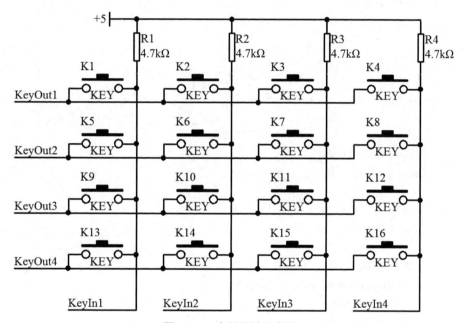

图 10.11　实例按键要求图

程序如下：

```
#include<reg52.h>
#include<stdio.h>
#include<intrins.h>

#define uchar unsigned char
#define uint unsigned int

sbit rs=P1^0;
sbit rw=P1^1;
sbit e=P1^5;
sbit buz=P1^6;          //闹铃位
sbit dat=P3^4;
```

```
sbit clk=P3^5;
sbit rst=P1^7;

sbit set=P2^3;              //按键
sbit up=P2^2;
sbit down=P2^1;
sbit fn=P2^0;

sbit KK1=P2^4;
sbit KK2=P2^5;
sbit KK3=P2^6;
sbit KK4=P2^7;
uchar station=0;            //按键状态

bit flag=0;                 //50ms 标志位
bit flag_c=0;               //闹钟启动标志位
bit flag_clock=1;           //闹钟开，闹钟关

uchar counter_c=0;          //闹钟时长计数器
uchar counter_c1=0;
uchar week=0;

char str[16]="Gzy 20   -  -    ";
char str1[16]="c-           :  :";

//以下为 1602 函数
void delay_us(uchar us);       //延时微秒
void delay_ms(uchar ms);       //延时毫秒
void write_com(uchar c);       //写指令
void write_data(uchar c);      //写数据
void show_char(uchar pos,uchar c);//显示单个字符
void show_str(uchar line,char *str);//显示字符串
void ini_lcd();//初始化 LCD

//以下为 DS1302 函数
void write_byte(uchar temp);                //写
void write_1302(uchar add,uchar dat);       //写 1302
uchar read_1302(uchar add);                 //读 1302 数据
void update_time();         //更新时间
void clock();               //闹钟启动标志位置 1
void alarm();               //闹铃
void key_scan();            //按键扫描
```

```c
void InitTimer1(void);

void main()
{

    ini_lcd();
        InitTimer1();
    buz=1;

     KK1=0;KK2=1;KK3=1;KK4=1;
    show_str(0,str);
    show_str(1,str1);
    while(1){
        if(flag==1){
            flag=0;
            clock();
            alarm();
        }
        key_scan();
    }
}
void Timer1Interrupt(void) interrupt 3
{
    TH1 = (65535-50)/256;
    TL1 = (65536-50)%256;
    flag=1;
     if((flag_c==1)&&(flag_clock==1)){
        counter_c++;
        if(counter_c==20)
            buz=~buz;
    }
}


//以下为函数实体
void InitTimer1(void)
{
    TMOD = 0x10;
    TH1 = (65536-50)/256;
    TL1 = (65536-50)/256;
    EA = 1;
    ET1 = 1;
    TR1 = 1;
}
```

```c
void delay_us(uchar us)
{
    uchar c_us;
    c_us=us>>1;
    while(--c_us);
}
void delay_ms(uchar ms)
{
    while(--ms){
        delay_us(250);
        delay_us(250);
        delay_us(250);
        delay_us(250);
    }
}
void write_com(uchar c)
{
    delay_ms(5);
    e=0;
    rs=0;
    rw=0;
    _nop_();
    e=1;
    P0=c;
    e=0;
}
void write_data(uchar c)
{
    delay_ms(5);
    e=0;
    rs=1;
    rw=0;
    _nop_();
    e=1;
    P0=c;
    e=0;
    rs=0;
}
void show_char(uchar pos,uchar c)
{
    uchar p;
    if(pos>=0x10)
        p=pos+0xb0;
```

```
        else
            p=pos+0x80;
        write_com(p);
        write_data(c);
}
void show_str(uchar line,char *str)
{
        uchar l,i;
        l=line<<4;
        for(i=0;i<16;i++)
            show_char(l++,*(str+i));
}
void ini_lcd()
{
        delay_ms(15);
        write_com(0x38);
        write_com(0x06);//显示光标移动位置
        write_com(0x0c);
        write_com(0x01);//显示清屏
}

void write_byte(uchar temp)
{
        uchar i;
        for(i=0;i<8;i++){
            clk=0;
            dat=temp&0x01;
            temp>>=1;
            clk=1;
        }
}
void write_1302(uchar add,uchar dat)
{
        rst=0;
        _nop_();
        clk=0;
        _nop_();
        rst=1;
        _nop_();
        write_byte(add);
        write_byte(dat);
        rst=0;
        //_nop_();
}
```

```
uchar read_1302(uchar add)
{
    uchar i,temp=0x00;
    rst=0;
    //_nop_();
    clk=0;
    //_nop_();
    rst=1;
    //_nop_();
    write_byte(add);
    for(i=0;i<8;i++){
        if(dat)
        temp|=0x80;        //每次传输低字节
        //clk=0;
        temp>>=1;
        clk=1;
        clk=0;
    }
    clk=1;
    rst=0;
    /*_nop_(); //以下为 DS1302 复位的稳定时间
    rst=0;
    clk=0;
    _nop_();
    clk=1;
    _nop_();
    dat=0;
    _nop_();
    dat=1;
    _nop_();*/
    return (temp);
}
void update_time()
{
    uchar temp;
    temp=read_1302(0x81);//秒
    if(str1[15]!=temp%16+0x30){
        str1[15]=temp%16+0x30;
        str1[14]=temp/16+0x30;
        show_char(0x1f,str1[15]);
        show_char(0x1e,str1[14]);
    }
    temp=read_1302(0x83);//分
```

```
if(str1[12]!=temp%16+0x30){
      str1[12]=temp%16+0x30;
      str1[11]=temp/16+0x30;
      show_char(0x1c,str1[12]);
      show_char(0x1b,str1[11]);
}
temp=read_1302(0x85);//时
if(str1[9]!=temp%16+0x30){
      str1[9]=temp%16+0x30;
      str1[8]=temp/16+0x30;
      show_char(0x19,str1[9]);
      show_char(0x18,str1[8]);
}
temp=read_1302(0x8b);//星期
if(week!=temp){
      week=temp;
      switch (temp){
            case 2:week=2;str[14]='M';str[15]='o';break;
            case 3:week=3;str[14]='T';str[15]='u';break;
            case 4:week=4;str[14]='W';str[15]='e';break;
            case 5:week=5;str[14]='T';str[15]='h';break;
            case 6:week=6;str[14]='F';str[15]='r';break;
            case 7:week=7;str[14]='S';str[15]='a';break;
            case 1:week=7;str[14]='S';str[15]='u';break;
      }
      show_char(0x0f,str[15]);
      show_char(0x0e,str[14]);
}
temp=read_1302(0x8d);//年
if(str[7]!=temp%16+0x30){
      str[6]=temp/16+0x30;
      str[7]=temp%16+0x30;
      show_char(0x06,str[6]);
      show_char(0x07,str[7]);
}
temp=read_1302(0x89);//月
if(str[10]!=temp%16+0x30){
      str[9]=temp/16+0x30;
      str[10]=temp%16+0x30;
      show_char(0x09,str[9]);
      show_char(0x0a,str[10]);
}
temp=read_1302(0x87);//日
```

```
if(str[13]!=temp%16+0x30){
    str[12]=temp/16+0x30;
    str[13]=temp%16+0x30;
    show_char(0x0c,str[12]);
    show_char(0x0d,str[13]);
}
if(flag_clock==0){
    if(str1[2]!='o'){
        str1[2]='o';
        str1[3]='f';
        str1[4]='f';
        str1[5]=' ';
        str1[6]=' ';
        show_char(0x12,str1[2]);
        show_char(0x13,str1[3]);
        show_char(0x14,str1[4]);
        show_char(0x15,str1[5]);
        show_char(0x16,str1[6]);
    }
}
else{
    temp=read_1302(0xc1);//闹钟时
    if(str1[3]!=temp%16+0x30){
        str1[2]=temp/16+0x30;
        str1[3]=temp%16+0x30;
        show_char(0x12,str1[2]);
        show_char(0x13,str1[3]);
        str1[4]=':';
        show_char(0x14,str1[4]);
    }
    temp=read_1302(0xc3);//闹钟分
    if(str1[6]!=temp%16+0x30){
        str1[5]=temp/16+0x30;
        str1[6]=temp%16+0x30;
        show_char(0x15,str1[5]);
        show_char(0x16,str1[6]);
    }
}

//显示2行
//show_str(1,str1);
//show_str(0,str);
}
```

```
void clock()
{
    uchar h,m,temp1,temp2;
    h=read_1302(0x85);//时
    m=read_1302(0x83);//分
    temp1=read_1302(0xc1);//读 RAM 数据 0，存闹钟时数据
    temp2=read_1302(0xc3);//读 RAM 数据 2，存闹钟分数据
    if((temp1==h)&&(temp2==m))
        flag_c=1;
}
void alarm()
{
    if(flag_c==1){
        if(counter_c>=20)//闹钟响 20*50ms=1s
        {
            counter_c=0;
            counter_c1++;
            if(counter_c1>=60){//60*1s=60s
                counter_c1=0;
                flag_c=0;
                counter_c=0;
                buz=1;
            }
        }
    }
}

void key_scan()
{
    uchar temp;
    if(set==0){
        delay_ms(10);
        if(set==0){
            while(set==0);
            station++;
            if(station>11)
                station=0;
        }
    }
    if(fn==0){
        delay_ms(10);
        if(fn==0){
            while(fn==0);
```

```
            station--;
            if(station>11)
                station=1;
            if(station==0)
                station=1;
        }
    }
switch (station){
    case 0:
            //temp=read_1302(0x81);
            //if(temp>>7)
            //if((temp&0x80)==0x80)
            //write_1302(0x80,temp&0x7f);
            //write_com(0x38);
            //write_com(0x06);//显示光标移动位置
            //write_com(0x0c);
            if(str[0]!='G'){
                str[0]='G';
                str[1]='z';
                str[2]='y';
                show_char(0x00,str[0]);
                show_char(0x01,str[1]);
                show_char(0x02,str[2]);
            }
            update_time();
            break;
    case 1:     //调年
            if(str[0]!='S'){
                str[0]='S';
                str[1]='e';
                str[2]='t';
                show_char(0x00,str[0]);
                show_char(0x01,str[1]);
                show_char(0x02,str[2]);
            }
            temp=read_1302(0x81);
            write_1302(0x80,temp|0x80);
            write_com(0x0e);        //光标显示
            write_com(0x80+7);     //光标位置
            if(up==0){
                delay_ms(10);
                if(up==0){
                    while(up==0);
```

```
                    temp=read_1302(0x8d);
                    temp++;
                    if(temp%16>9)
                        temp=(temp&0xf0)+16;//个位数清零，十位数进一
                    if(temp>0x79)
                        temp=0x79;
                    write_1302(0x8c,temp);
                    update_time();
                }
            }
            if(down==0){
                delay_ms(10);
                if(down==0){
                    while(down==0);
                    temp=read_1302(0x8d);
                    temp--;
                    if(temp%16>9)
                        temp=temp&0xf0+9;
                    if(temp>79)
                        temp=0;
                    write_1302(0x8c,temp);
                    update_time();
                }
            }
            break;
        case 2:        //调月
            write_com(0x80+10);
            if(up==0){
                delay_ms(10);
                if(up==0){
                    while(up==0);
                    temp=read_1302(0x89);
                    temp++;
                    if(temp%16>9)
                        temp=(temp&0xf0)+16;
                    if(temp>0x12)
                        temp=0x12;
                    write_1302(0x88,temp);
                    update_time();
                }
            }
            if(down==0){
                delay_ms(10);
```

```
            if(down==0){
                while(down==0);
                temp=read_1302(0x89);
                temp--;
                if(temp%16>9)
                    temp=temp&0xf0+9;
                if(temp>0x12)
                    temp=0x01;
                if(temp==0)
                    temp=0x01;
                write_1302(0x88,temp);
                update_time();
            }
        }
        break;
        case 3:        //调日
        write_com(0x80+13);
        if(up==0){
            delay_ms(10);
            if(up==0){
                while(up==0);
                temp=read_1302(0x87);
                temp++;
                if(temp%16>9)
                    temp=(temp&0xf0)+16;
                switch (read_1302(0x89)){
                    case 0x01:
                    case 0x03:
                    case 0x05:
                    case 0x07:
                    case 0x08:
                    case 0x10:
                    case 0x12:
                        if(temp>0x31)
                            temp=0x31;
                        break;
                    case 2:
                        switch (read_1302(0x8d)%4){
                            case 0:
                                if(temp>0x29)
                                    temp=0x29;
                                break;
                            default :
```

```
                    if(temp>0x28)
                            temp=0x28;
                        break;
                }
            case 0x04:
            case 0x06:
            case 0x11:
                if(temp>0x30)
                        temp=0x30;
                    break;
        }
        write_1302(0x86,temp);
        update_time();
    }
}
if(down==0){
    delay_ms(10);
    if(down==0){
        while(down==0);
        temp=read_1302(0x87);
        temp--;
        if(temp%16>9)
            temp=temp&0xf0+9;
        if(temp>0x31)
            temp=0x01;
        if(temp==0)
            temp=0x01;
        write_1302(0x86,temp);
        update_time();
    }
}
break;
case 4:      //调星期
write_com(0x80+15);
if(up==0){
    delay_ms(10);
    if(up==0){
        while(up==0);
        temp=read_1302(0x8b);
        temp++;
        if(temp>0x07)
            temp=0x07;
        write_1302(0x8a,temp);
```

```
                    update_time();
                }
            }
            if(down==0){
                delay_ms(10);
                if(down==0){
                    while(down==0);
                    temp=read_1302(0x8b);
                    temp--;
                    if(temp==0)
                        temp=0x01;
                    write_1302(0x8a,temp);
                    update_time();
                }
            }
            break;
        case 5:        //闹钟开关
        write_com(0x80+0x40);
        if(up==0){
            delay_ms(10);
            if(up==0){
                while(up==0);
                flag_clock=~flag_clock;
                update_time();
            }
        }
        if(down==0){
            delay_ms(10);
            if(down==0){
                while(down==0);
                flag_clock=~flag_clock;
                update_time();
            }
        }
        break;
        case 6:        //调闹钟时
        if(flag_clock==1){
            write_com(0x80+0x40+3);
            if(up==0){
                delay_ms(10);
                if(up==0){
                    while(up==0);
                    temp=read_1302(0xc1);
```

```
                                 temp++;
                                 if(temp%16>9)
                                     temp=(temp&0xf0)+16;
                                 if(temp>0x23)
                                     temp=0x23;
                                 write_1302(0xc0,temp);
                                 update_time();
                             }
                     }
                 if(down==0){
                     delay_ms(10);
                     if(down==0){
                         while(down==0);
                         temp=read_1302(0xc1);
                         temp--;
                         if(temp%16>9)
                             temp=temp&0xf0+9;
                         if(temp>0x23)
                             temp=0;
                         if(temp==0x00)
                             temp=0x00;
                         write_1302(0xc0,temp);
                         update_time();
                     }
                 }
             }
         else station=8;
         break;
         case 7:      //调闹钟分
         if(flag_clock==1){
             write_com(0x80+0x40+6);
             if(up==0){
                 delay_ms(10);
                 if(up==0){
                     while(up==0);
                     temp=read_1302(0xc3);
                     temp++;
                     if(temp%16>9)
                         temp=(temp&0xf0)+16;
                     if(temp>0x59)
                         temp=0x59;
                     write_1302(0xc2,temp);
                     update_time();
```

```
                                }
                            }
                    if(down==0){
                        delay_ms(10);
                        if(down==0){
                            while(down==0);
                            temp=read_1302(0xc3);
                            temp--;
                            if(temp%16>9)
                                temp=temp&0xf0+9;
                            if(temp==0x00)
                                temp=0;
                            if(temp>0x59)
                                temp=0x00;
                            write_1302(0xc2,temp);
                            update_time();
                        }
                    }
                }
            else station=8;
            break;
        case 8:     //调时
                write_com(0x80+0x40+9);
                if(up==0){
                    delay_ms(10);
                    if(up==0){
                        while(up==0);
                        temp=read_1302(0x85);
                        temp++;
                        if(temp%16>9)
                            temp=(temp&0xf0)+16;
                        if(temp>0x23)
                            temp=0x23;
                        write_1302(0x84,temp);
                        update_time();
                    }
                }
                if(down==0){
                    delay_ms(10);
                    if(down==0){
                        while(down==0);
                        temp=read_1302(0x85);
                        temp--;
```

```
                if(temp%16>9)
                    temp=temp&0xf0+9;
                if(temp>0x23)
                    temp=0;
                if(temp==0x00)
                    temp=0;
                write_1302(0x84,temp);
                update_time();
            }
        }
        break;
    case 9:     //调分
        write_com(0x80+0x40+12);
        if(up==0){
            delay_ms(10);
            if(up==0){
                while(up==0);
                temp=read_1302(0x83);
                temp++;
                if(temp%16>9)
                    temp=(temp&0xf0)+16;
                if(temp>0x59)
                    temp=0x59;
                write_1302(0x82,temp);
                update_time();
            }
        }
        if(down==0){
            delay_ms(10);
            if(down==0){
                while(down==0);
                temp=read_1302(0x83);
                temp--;
                if(temp%16>9)
                    temp=temp&0xf0+9;
                if(temp>0x59)
                    temp=0;
                if(temp==0x00)
                    temp=0;
                write_1302(0x82,temp);
                update_time();
            }
        }
```

```
                    break;
        case 10:    //调秒
            write_com(0x80+0x40+15);
            if(up==0){
                delay_ms(10);
                if(up==0){
                    while(up==0);
                    temp=read_1302(0x81);
                    temp++;
                    if(temp%16>9)
                        temp=(temp&0xf0)+16;
                    if(temp>0x59)
                        temp=0x59;
                    write_1302(0x80,temp|0x80);/*注意把最高位置 1，以免在调秒
                                            过程中时钟启动*/
                    update_time();
                }
            }
            if(down==0){
                delay_ms(10);
                if(down==0){
                    while(down==0);
                    temp=read_1302(0x81);
                    temp--;
                    if(temp%16>9)
                        temp=temp&0xf0+9;
                    if(temp==0)
                        temp=0;
                    if(temp>0x59)
                        temp=0;
                    write_1302(0x80,temp|0x80);/*注意把最高位置 1，以免在调秒
                                            过程中时钟启动*/
                    update_time();
                }
            }
            break;
        case 11:
            //write_com(0x80+2);
            if(str[0]!='O'){
                str[0]='O';
                str[1]='K';
                str[2]='?';
                show_char(0x00,str[0]);
```

```
                    show_char(0x01,str[1]);
                    show_char(0x02,str[2]);
            }
            write_com(0x80+2);
            if(set==0){
                delay_ms(10);
                if(set==0){
                        while(set==0);
                        temp=read_1302(0x81);
                        write_1302(0x80,temp&0x7f);//时间启动
                        write_com(0x06);//显示光标移动位置
                        write_com(0x0c);
                        update_time();
                        station=0;
                }
            }
            break;
        }
    }
```

思考：

1．多功能电子时钟还有哪些部分可以改进？

2．在时钟（任务二）原有功能上加一个温度显示功能。

项目十一　红外与步进电机

项目描述：本项目将红外与步进电机有机结合起来，通过红外遥控器控制步进电机正反转，按红外遥控器的+键控制正转，−键控制反转，按其他任意键停止。

11.1　任务一：了解红外遥控器

11.1.1　红外光的基本原理

红外光是波长介于微波和可见光之间的电磁波，波长在 760 纳米到 1 毫米之间，是波长比红光长的非可见光。自然界中的一切物体，只要它的温度高于绝对零度（-273℃）就存在分子和原子的无规则运动，其表面就会不停地辐射红外线。当然了，虽然物体都辐射红外线，但是不同的物体的辐射强度是不一样的，而我们正是利用了这一点把红外技术应用到了我们的实际开发中。

红外发射管很常用，在我们的遥控器上都可以看到，它类似发光二极管，但是它发射出来的是红外光，是我们肉眼所看不到的。第 2 章中我们学过发光二极管的亮度会随着电流的增大而增加，同样的道理，红外发射管发射红外线的强度也会随着电流的增大而增强，常见的红外发射管如图 11.1 所示。

红外接收管内部是一个具有红外光敏感特征的 PN 节，属于光敏二极管，但是它只对红外光有反应。无红外光时，光敏管不导通，有红外光时，光敏管导通形成光电流，并且在一定范围内电流随着红外光强度的增强而增大。典型的红外接收管如图 11.2 所示。

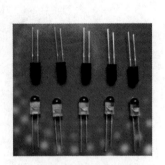

图 11.1　红外发射管

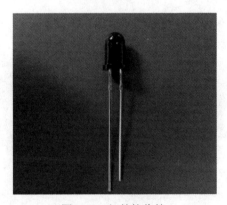

图 11.2　红外接收管

11.1.2　红外遥控通信原理

在实际的通信领域，物体发出来的信号一般有较宽的频谱，而且都是在比较低的频率段分布大量的能量，所以称之为基带信号，这种信号是不适合直接在信道中传输的。为便于传输、提高信号抗干扰能力且有效地利用带宽,通常需要将信号调制到适合信道和噪声特性的频率范围内进行传输,这就叫做信号调制。在通信系统的接收端要对接收到的信号进行解调,恢复出原来的基带信号。这部分通信原理的内容,大家了解一下即可。

我们平时用到的红外遥控器里的红外通信,通常是使用 38kHz 左右的载波进行调制的,下面把原理大概介绍一下,先看发送部分原理。

调制:就是用待传送信号去控制某个高频信号的幅度、相位、频率等参量变化的过程,即用一个信号去装载另一个信号。比如我们的红外遥控信号要发送的时候,先经过 38kHz 调制,如图 11.3 所示。

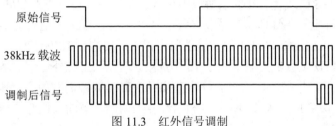

图 11.3　红外信号调制

原始信号就是我们要发送的一个数据"0"位或者一个数据"1"位,而所谓38kHz载波就是频率为38kHz的方波信号,调制后信号就是最终我们要发射出去的波形。我们使用原始信号来控制38kHz载波,当信号是数据"0"的时候,38kHz载波毫无保留地全部发送出去,当信号是数据"1"的时候,不发送任何载波信号。

那在原理上,我们如何从电路的角度去实现这个功能呢?如图 11.4 所示

对于 38kHz 载波,我们可以用 455kHz 晶振,经过 12 分频得到 311.91kHz,也可以由时基电路 NE555 来产生,或者使用单片机的 PWM 来产生。当信号输出引脚输出高电平时,Q2截止,不管 38kHz 载波信号如何控制 Q1,右侧的竖向支路都不会导通,红外管 L1 不会发送任何信息。当信号输出是低电平的时候,那么 38kHz 载波就会通过 Q1 释放出来,在 L1 上产生 38kHz 的载波信号。这里要说明的是,大多数家电遥控器的 38kHz 载波的占空比是 1/3,也有 1/2 的,但是相对少一些。

对正常的通信来说,接收端要首先对信号通过监测、放大、滤波、解调等一系列电路处理,然后输出基带信号。但是红外通信的一体化接收头 HS0038B,已经把这些电路全部集成到一起了,我们只需要把这个电路接上去,就可以直接输出我们所要的基带信号了,如图 11.5 所示。

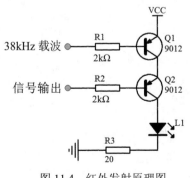

图 11.4　红外发射原理图

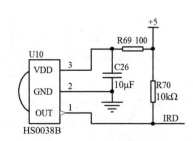

图 11.5　红外接收原理图

由于红外接收头内部放大器的增益很大，很容易引起干扰，因此在接收头供电引脚上必须加上滤波电容，官方手册给的值是 4.7μF，我们这里直接用 10μF 的电容，手册里还要求在供电引脚和电源之间串联 100Ω 的电阻，进一步降低干扰。

图 11.5 所示的电路，用来接收图 11.4 电路发送出来的波形，当 HS0038B 监测到有 38kHz 的红外信号时，就会在 OUT 引脚输出低电平，当没有 38kHz 信号的时候，OUT 引脚就会输出高电平。我们把 OUT 引脚接到单片机的 I/O 口上，通过编程，就可以获取红外通信发过来的数据了。

由于我们的红外调制信号是半双工的，而且同一时刻空间只能允许一个信号源，所以红外的基带信号不适合在 I²C 或者 SPI 通信协议中进行，我们前边提到过 UART 虽然是 2 条线，但是通信的时候，实际上一条线即可，所以红外信号可以在 UART 中进行通信。当然，这个通信也不是没有限制的，比如 HS0038B 的数据手册中标明，要想让 HS0038B 识别到 38kHz 的红外信号，那么这个 38kHz 载波必须要大于 10 个周期，这就限定红外通信的基带信号的波特率必须不能高于 3800，那如果把串口输出的信号直接用 38kHz 载波调制的话，其波特率也就不能高于 3800。当然还有很多其他基带协议可以利用红外来调制，下面我们介绍一种遥控器常用的红外通信协议——NEC 协议。

11.1.3 NEC 协议（红外遥控器）

家电遥控器通信距离往往要求不高，而红外的成本比其他无线设备要低得多，所以家电遥控器应用中红外始终占据着一席之地。遥控器的基带通信协议很多，大概有几十种，常用的就有 ITT 协议、NEC 协议、Sharp 协议、Philips RC-5 协议、Sony SIRC 协议等。用得最多的就是 NEC 协议了，因此 KST-51 开发板配套的遥控器直接采用 NEC 协议，下面以 NEC 协议标准来讲解一下。

NEC 协议的数据格式包括了引导码、用户码、用户码（或者用户码反码）、按键键码和键码反码，最后一个为停止位。停止位主要起隔离作用，一般不进行判断，编程时我们也不予理会。其中数据编码总共是 4 个字节 32 位，如图 11.6 所示。第一个字节是用户码（地址码），第二个字节可能也是用户码，或者是用户码的反码，具体由生产商决定，第三个字节就是当前按键的键数据码（命令），而第四个字节是键数据码的反码（命令反码），可用于对数据的纠错。

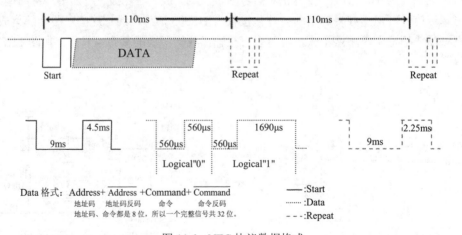

图 11.6 NEC 协议数据格式

从图 11.6 可知，对于典型的 NEC 协议传输格式，起始位（引导码）由 9ms 低电平+4.5ms 高电平组成，有效数据逻辑"1"为 0.56ms 低电平+1.69ms 高电平，逻辑"0"为 0.56ms 高电平+ 0.56ms 低电平。

HS0038B 这个红外一体化接收头，当收到有载波的信号的时候，会输出一个低电平，空闲的时候会输出高电平，下面的波形是通过逻辑分析仪从红外接收头 HS0038B 解码后得到的编码，如图 11.7 所示。

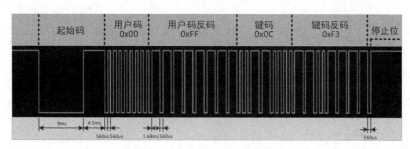

图 11.7　红外遥控器按键编码

从图 11.6 可以看出，先是 9ms 低电平加 4.5ms 高电平的起始码，数据码是低位在前，高位在后，数据码第一个字节是 8 组 560μs 的低电平加 560μs 的高电平，也就是 0x00，第二个字节是 8 组 560μs 的低电平加 1.69ms 的高电平，可以看出来是 0xFF，这两个字节就是用户码和用户码的反码。按键的二进制键码是 0x0C，反码就是 0xF3，最后跟了一个 560μs 低电平停止位。对于我们的遥控器来说，不同的按键，就是键码和键码反码的区分，用户码是一样的。这样我们就可以通过单片机的程序，把当前的按键键码给解析出来。

红外接收引脚接到了 P3.3 引脚上，这个引脚的第二功能就是外部中断 1。在寄存器 TCON 中的 bit3 和 bit2 这两位，是和外部中断 1 相关的两位。其中 IE1 是外部中断标志位，当外部中断发生后，这一位被自动置 1，和定时器中断标志位 TF 相似，进入中断后这一位会自动清零，也可以由软件清零。bit2 是设置外部中断类型的，如果 bit2 为 0，那么只要 P3.3 为低电平就可以触发中断，如果 bit2 为 1，那么 P3.3 从高电平到低电平的下降沿发生才可以触发中断。此外，外部中断 1 使能位是 EX1。那下面我们就把程序写出来，使用数码管把遥控器的用户码和键码显示出来。

```c
#include<reg52.h>
sbit ADDR0 = P1^0;
sbit ADDR1 = P1^1;
sbit ADDR2 = P1^2;
sbit ADDR3 = P1^3;
sbit ENLED = P1^4;
sbit IN_INF = P3^3;
unsigned char DisCode[4];
unsigned char cnt = 0;
unsigned char code LedChar[] = { //数码管显示字符转换表
    0xC0, 0xF9, 0xA4, 0xB0, 0x99, 0x92, 0x82, 0xF8,
    0x80, 0x90, 0x88, 0x83, 0xC6, 0xA1, 0x86, 0x8E
};
```

```
void InitInfra()
{
    IT1 = 1;
    EX1 = 1;
    TMOD &= 0x0f;
    TMOD |= 0x10;
    TR1 = 0;
    ET1 = 0;
}

unsigned int GetHighTime()
{
    unsigned int temp;
    TH1 = 0
    TL1 = 0;
    TR1 = 1;
    while(IN_INF)
    {
        if(TH1 > 0x40)
        {
            break;
        }
    }
    TR1 = 0;
    temp = TH1 *256 + TL1;
    return temp;
}

unsigned int GetLowTime()
{
    unsigned int temp;
    TH1 = 0;
    TL1 = 0;
    TR1 = 1;
    while(!IN_INF)
    {
        if(TH1 > 0x40)
        {
            break;
        }
    }
    TR1 = 0;
    temp = TH1 *256 + TL1;
    return temp;
}
```

```
void ExInt1() interrupt 2
{
    unsigned int time;
    unsigned char i, j;
    unsigned char dat = 0;
    unsigned char IrCode[4];
    time = GetLowTime();
    if((time < 7833) || (time > 8755))
    {
        IE1 = 0;
        return;
    }
    time = GetHighTime();
    if((time < 3686) || (time > 4608))
    {
        IE1 = 0;
        return;
    }
    for(i=0; i<4; i++)
    {
        for(j=0; j<8; j++)
        {
            time = GetLowTime();
            if((time < 331) || (time > 700))
            {
                IE1 = 0;
                return;
            }
            time = GetHighTime();
            {
                if((time > 331) && (time < 700))
                {
                    dat >>= 1;
                }
                else if((time > 1363) && (time < 1732))
                {
                    dat >>= 1;
                    dat |= 0x80;
                }
                else
                {
                    IE1 = 0;
```

```
                            return;
                    }
                }
            }
            IrCode[i] = dat;
        }
        DisCode[0] = IrCode[0] >> 4;
        DisCode[1] = IrCode[0] & 0x0f;
        DisCode[2] = IrCode[2] >> 4;
        DisCode[3] = IrCode[2] & 0x0f;
}

void main()
{
        InitInfra();
        ADDR3 = 1;
        ENLED = 0;
        TMOD &= 0xf0;
        TMOD |= 0x01;
        TH0 = 0xf8;
        TL0 = 0xcc;
        EA = 1;
        ET0 = 1;
        PT0 = 1;
        TR0 = 1;
        while(1);
}

void Timer0() interrupt 1
{
        if(cnt % 4 == 0)
        {
                ADDR2 = 1;
                ADDR1 = 0;
                ADDR0 = 1;
                P0 = LedChar[DisCode[0]];
        }
        else if(cnt % 4 == 1)
        {
                ADDR2 = 1;
                ADDR1 = 0;
                ADDR0 = 0;
                P0 = LedChar[DisCode[1]];
```

```
        }
        else if(cnt % 4 == 2)
        {
            ADDR2 = 0;
            ADDR1 = 0;
            ADDR0 = 1;
            P0 = LedChar[DisCode[2]];
        }
        else
        {
            ADDR2 = 0;
            ADDR1 = 0;
            ADDR0 = 0;
            P0 = LedChar[DisCode[3]];
        }
        cnt++;
        TH0 = 0xf8;
        TL0 = 0xcc;
    }
```

11.2 任务二：认识 28BYJ-48 型步进电机

11.2.1 步进电机的分类

步进电机是将电脉冲信号转变为角位移或线位移的开关控制元件。在非超载的情况下，电机的转速、停止的位置只取决于脉冲信号的频率和脉冲数，而不受负载变化的影响，即给电机加一个脉冲信号，电机则转过一个步距角。步进电机主要应用在自动化仪表、机器人、自动生产流水线、空调扇叶转动等设备。

步进电机可以分为反应式、永磁式和混合式三种。

反应式（VR）：一般为三相，步距角一般为 1.5°，但是动态性能差、效率低、发热大、可靠性难以保证，所以现在基本已经被淘汰了。

永磁式（PM）：动态性能好、输出力矩较大，但有噪声且震动得很大，步距角一般为 11.5° 或 15°。

混合式（HB）：综合了反应式和永磁式的优点，但是结构相对来说较复杂。这种步进电机应用最广泛。

本实验采用 28BYJ-48 这款步进电机，先介绍型号的具体含义：

28——步进电机的有效最大外径是 28 毫米。

B——表示是步进电机。

Y——表示是永磁式。

J——表示是减速型。

48——表示4相8拍。

28BYJ-48 是 4 相永磁式减速步进电机，其外观如图 11.8 所示。

图 11.8　步进电机外观

我们先来解释"4 相永磁式"的概念，28BYJ-48 的内部结构如图 11.9 所示。先看里圈，它上面有 6 个齿，分别标注 0、1、2、3、4、5，这个叫做转子，顾名思义，它是要转动的，转子的每个齿都带有永久的磁性，是一块永磁体，这就是"永磁式"的概念。再看外圈，这个就是定子，它是保持不动的，实际上它是跟电机的外壳固定在一起的，它上面有 8 个齿，而每个齿上都缠上了一个线圈绕组，正对着的 2 个齿上的绕组又是串联在一起的，也就是说正对着的 2 个绕组总是会同时导通或关断的，如此就形成了 4 相，这 4 相在图中分别标注了 A、B、C、D，这就是"4 相"的概念。

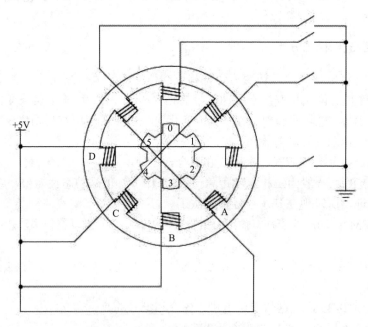

图 11.9　步进电机内部结构示意图

28BYJ-48 型步进电机的工作原理如下：

假定电机的起始状态如图 11.9 所示，逆时针方向转动，起始时是 B 相绕组的开关闭合，B 相绕组导通，那么导通电流就会在正上和正下两个定子齿上产生磁性，这两个定子齿上的磁性就会对转子上的 0 和 3 号齿产生最强的吸引力，就会如图 11.9 所示的那样，转子的 0 号齿在正上、3 号齿在正下而处于平衡状态；此时我们会发现，转子的 1 号齿与右上的定子，也就是 C 相的一个绕组呈现一个很小的夹角，2 号齿与右边的定子齿，也就是 D 相绕组呈现一个稍微大一点的夹角，很明显这个夹角是 1 号齿和 C 绕组夹角的 2 倍，同理，左侧的情况也是一样的。

接下来，我们把 B 相绕组断开，而使 C 相绕组导通，那么很明显，右上的定子齿将对转子 1 号齿产生最大的吸引力，而左下的定子齿将对转子 4 号齿产生最大的吸引力，在这个吸引力的作用下，转子 1、4 号齿将与右上和左下的定子齿对齐而保持平衡，如此，转子就转过了起始状态时 1 号齿和 C 相绕组那个夹角的角度。

再接下来，断开 C 相绕组，导通 D 相绕组，过程与上述的情况完全相同，最终使转子 2、5 号齿与定子 D 相绕组对齐，转子又转过了上述同样的角度。

那么很明显，当 A 相绕组再次导通，即完成一个 B-C-D-A 的四节拍操作后，转子的 0、3 号齿将由原来与上下 2 个定子齿对齐，而变为与左上和右下的两个定子齿对齐，即转子转过了一个定子齿的角度。依此类推，再来一个四节拍，转子就将再转过一个齿的角度，8 个四节拍以后转子将转过完整的一圈，而其中单个节拍使转子转过的角度就很容易计算出来了，即 360 度/(8*4)=11.25 度，这个值就叫做步进角度。而上述这种工作模式就是步进电机的单四拍模式——单相绕组通电四节拍。

我们再来讲解一种具有更优性能的工作模式，那就是在单四拍的每两个节拍之间再插入一个双绕组导通的中间节拍，组成八拍模式。比如，在从 B 相导通到 C 相导通的过程中，加入一个 B 相和 C 相同时导通的节拍，这时，由于 B、C 两个绕组的定子齿对它们附近的转子齿同时产生相同的吸引力，将导致这两个转子齿的中心线对齐到 B、C 两个绕组的中心线上，也就是新插入的这个节拍使转子转过了上述单四拍模式中步进角度的一半，即 5.625 度。这样一来，就使转动精度增加了一倍，而转子转动一圈则需要 8*8=64 拍了。另外，新增加的这个中间节拍，还会在原来单四拍的两个节拍引力之间又加了一把引力，从而可以大大增加电机的整体扭力输出，使电机更"有劲"了。

除了上述的单四拍和八拍的工作模式外，还有一个双四拍的工作模式——双绕组通电四节拍。它的通电顺序是 AB−BC−CD−DA−AB，共四拍。其步进角度同单四拍是一样的，但由于它是两个绕组同时导通，所以扭矩会比单四拍模式大，在此就不做过多解释了。

八拍模式是这类 4 相步进电机的最佳工作模式，能最大限度地发挥电机的各项性能，也是绝大多数实际工程中所选择的模式，因此我们就重点来讲解如何用单片机程序来控制电机按八拍模式工作。

11.2.2　让电机转起来

本任务采用的是五线四相八拍步进电机，五线中红色的线是公共端，连接到 5V 电源，接下来橙、黄、粉、蓝 4 线对应 A、B、C、D 相。它的工作方式为单绕组与双绕组交替导通。如果以该方式控制步进电机正转，对应的绕组控制顺序表如表 11.1 所示。如果把控制顺序反向传输，则步进电机反转。

表 11.1　八拍模式绕组控制顺序表

绕组序号	1	2	3	4	5	6	7	8
P1-红（电源端）	VCC	VCC	VCC	VCC	VCC	VCC	VCC	VCC
P2-橙	0	0	1	1	1	1	1	0
P3-黄	1	0	0	0	1	1	1	1
P4-粉	1	1	1	0	0	0	1	1
P5-蓝	1	1	1	1	1	0	0	0

图 11.10 与图 11.11 组成了步进电机的控制电路，从电路图上可以看出 P1.0～P1.3 四个 I/O 控制 Q2～Q5 四个三极管，即控制步进电机的四组绕组，步进电机控制部分与显示部分通过调整跳线帽来复用 I/O 口。

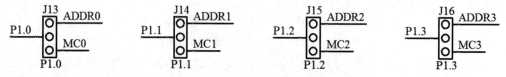

图 11.10 选择显示译码与步进电机的跳线

如果要使用电机的话，需要把四个跳线帽都调到跳线组的左侧（开发板上的实际位置），即左侧针和中间针连通（对应原理图 11.10 中的中间和下边的针），就可以使用 P1.0 到 P1.3 控制步进电机了，如要再使用显示部分的话，就要再换回右侧了。如果既想显示部分正常工作，又想让电机控制部分工作，可以把跳线帽保持在右侧，用杜邦线把步进电机的控制引脚（即左侧的排针）连接到其他的暂不使用的单片机 I/O 上即可。

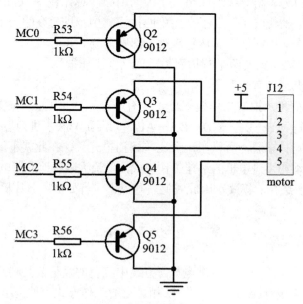

图 11.11 步进电机控制电路

由于单片机 I/O 口带负载能力有限，因此在图 11.11 中增加了四个三极管提高步进电机每一相的驱动能力，此处也可以用专门的步进电机驱动芯片设计。由图 11.10 和 11.11 可以看出，当 P1.0 输出低电平时，三极管 Q2 导通，步进电机的 A 相绕组导通，此时单片机 P1 口低 4 位应输出 0b1110，即 0xE；如要 A、B 相同时导通，那么就是 Q2、Q3 导通，P1 口低 4 位应输出 0b1100，即 0xC，依此类推，可以得到下面的八拍节拍的 I/O 控制代码数组：

　　　　　　unsigned char code BeatCode[8] = { 0x0E, 0x0C, 0x0D, 0x09, 0x0B, 0x03, 0x07, 0x06 };

要使步进电机正常启动，输入给电机转动的脉冲信号频率不能超过最大空载启动频率这个指标，最大空载启动频率指的是电机在某种驱动形式、电压及额定电流下，在不加负载时，能够启动的最大频率。因此，当脉冲频率高于最大空载启动频率时，电机就不能正常启动。

表 11.2 就是由厂家提供的步进电机参数表。

表 11.2　28BYJ-48 步进电机参数表

供电电压/V	相数	相电阻/Ω	步进角度	减速比	启动频率/P.P.S	转矩/g.cm	噪声/dB	绝缘介电强度/VAC
5	4	50*(1+±10%)	5.625/64	1:64	≥550	≥300	≤35	600

表 11.2 中给出的启动频率参数≥550，单位是 P.P.S，即每秒脉冲数，这个指标表明电机在每秒获得等于或小于 550 个步进脉冲的情况下，可以正常启动。那么换算成单节拍持续时间就是 1s/550=1.8ms，为了让电机能够启动，控制节拍刷新时间大于 1.8ms 就可以了。利用以上参数就可以动手写出最简单的电机转动程序了。在有负载的情况下，启动频率应更低。如果要使电机达到高速转动，脉冲频率应该有加速过程，即启动频率较低，然后按一定加速度升到所希望的高频（电机转速从低速升到高速）。

```c
#include<reg52.h>
unsigned char code BeatCode[] = {
    0x0e, 0x0c, 0x0d, 0x09, 0x0b, 0x03, 0x07, 0x06
    };
void delay_ms(unsigned int cnt);
void main()
{
    unsigned char i;
    while(1)
    {
    for(i=0; i<8; i++)
    {
        P1 = BeatCode[i];
        delay_ms(2);
    }
    }
}

void delay_ms(unsigned int cnt)
{
    unsigned char i;
```

```
            while(cnt--)
        {
            for(i=0; i<=110; i++);
        }
        }
```

11.3 任务三：用红外遥控器控制步进电机正反转

项目要求：通过红外遥控器控制步进电机正反转，按红外遥控器的+键控制正转，一键控制反转。按其他任意键停止。

使用注意事项：把图 11.10 中四个短路跳线帽拨到左边。

红外程序：

```c
#include <reg52.h>
sbit IR_INPUT = P3^3;          //红外接收引脚
bit irflag = 0;                //红外接收标志，收到一帧正确数据后置 1
unsigned char ircode[4];       //红外代码接收缓冲区

void InitInfrared()
{
    IR_INPUT = 1;
    TMOD &= 0X0F;
    TMOD |= 0x10;
    TR1 = 0;
    ET1 = 0;
    IT1 = 1;
    EX1 = 1;
}
unsigned int GetHighTime()
{
    TH1 = 0;
    TL1 = 0;
    TR1 = 1;
    while(IR_INPUT)
    {
        if(TH1 > 0x40)
        {
            break;
        }
    }
    TR1 = 0;
    return(TH1 * 256 + TL1);
}
```

```
unsigned int GetLowTime()
{
    TH1 = 0;
    TL1 = 0;
    TR1 = 1;
    while(!IR_INPUT)
    {
        if(TH1 > 0x40)
        {
            break;
        }
    }
    TR1 = 0;

    return(TH1 * 256 + TL1);
}
void EXINT1_ISR() interrupt 2
{
    unsigned char i, j;
    unsigned int time;
    unsigned char byt;

    time = GetLowTime();
    if((time <7833) || (time > 8755))
    {
        IE1 = 0;
        return;
    }

    time = GetHighTime();
    if((time<3686) || (time > 4608))
    {
        IE1 = 0;
        return;
    }
    for(i=0; i<4; i++)
    {
        for(j=0; j<8; j++)
        {
            time = GetLowTime();
            if((time<313) ||(time >718))
            {
                IE1 = 0;
```

```
                    return;
                }
            time = GetHighTime();
            if((time>313) && (time <718))
            {
                byt >>= 1;
            }
            else if((time>1345) && (time<1751))
            {
                byt >>= 1;
                byt |= 0x80;
            }
            else
            {
                IE1 = 0;
                return;
            }
        }
        ircode[i] = byt;
    }
    irflag = 1;
    IE1 = 0;
}
```

主程序：

```
#include <reg52.h>

unsigned char code counterclockwise[8]={0x0E,0x0C,0x0D,0x09,0x0B,0x03,0x07,0x06}; //逆时针
unsigned char code clockwise[8]={0x06,0x07,0x03,0x0B,0x09,0x0D,0x0C,0x0E}; //顺时针

unsigned char count1=0,count2=0,temp=0;

unsigned char code LedChar[] = {   //数码管显示字符转换表
    0xC0, 0xF9, 0xA4, 0xB0, 0x99, 0x92, 0x82, 0xF8,
    0x80, 0x90, 0x88, 0x83, 0xC6, 0xA1, 0x86, 0x8E
};
unsigned char LedBuff[6] = {   //数码管显示缓冲区
    0xFF, 0xFF, 0xFF, 0xFF, 0xFF, 0xFF
};
unsigned char T0RH = 0;    //T0 重载值的高字节
unsigned char T0RL = 0;    //T0 重载值的低字节

extern bit irflag;
extern unsigned char ircode[4];
```

```
extern void InitInfrared(void);
void ConfigTimer0(unsigned int ms);
void delay()
{
    unsigned int i = 200;
    while(i--);
}
void main()
{
    EA = 1;             //开总中断
    InitInfrared();     //初始化红外功能
    while (1)
    {
        unsigned char tmp,temp=0;
        if (irflag==1)   //接收到红外数据时刷新显示
        {

                if(ircode[2]==0x09)
                {
                        tmp = P1;
                        tmp = tmp & 0xF0;
                        tmp = tmp | clockwise[count1];
                        P1 = tmp;
                        count1++;
                        //index = index & 0x07;
                        if(count1>7)    count1=0;
                        delay();
                }
                if(ircode[2]==0x15)
                {
                        tmp = P1;
                        tmp = tmp & 0xF0;
                        tmp = tmp | counterclockwise[count1];
                        P1 = tmp;
                        count1++;
                        //index = index & 0x07;
                        if(count1>7)    count1=0;
                        delay();
                }
                else
                if(ircode[2]==0x45)
                {
                        P1=tmp|0x00;
```

```
                    }
                }
            }
        }
```

思考：

1．通过编写程序使遥控器上的"8"控制逆时针旋转，"9"控制正时针旋转。

2．编写程序通过红外遥控器控制步进电机的加速和减速，并详细描述你的控制原理和方法。

附录 A   ASCII 码字符表

十进制数值	十六进制值	终端显示	ASCII 助记名	备注
0	00	^@	NUL	空
1	01	^A	SOH	文件头的开始
2	02	^B	STX	文本的开始
3	03	^C	ETX	文本的结束
4	04	^D	EOT	传输的结束
5	05	^E	ENQ	询问
6	06	^F	ACK	确认
7	07	^G	BEL	响铃
8	08	^H	BS	后退
9	09	^I	HT	水平跳格
10	0A	^J	LF	换行
11	0B	^K	VT	垂直跳格
12	0C	^L	FF	格式馈给
13	0D	^M	CR	回车
14	0E	^N	SO	向外移出
15	0F	^O	SI	向内移入
16	10	^P	DLE	数据传送换码
17	11	^Q	DC1	设备控制 1
18	12	^R	DC2	设备控制 2
19	13	^S	DC3	设备控制 3
20	14	^T	DC4	设备控制 4
21	15	^U	NAK	否定
22	16	^V	SYN	同步空闲
23	17	^W	ETB	传输块结束
24	18	^X	CAN	取消
25	19	^Y	EM	媒体结束
26	1A	^Z	SUB	减
27	1B	^[	ESC	退出
28	1C	^*	FS	域分隔符
29	1D	^]	GS	组分隔符
30	1E	^^	RS	记录分隔符

续表

十进制数值	十六进制值	终端显示	ASCII 助记名	备注
31	1F	^_	US	单元分隔符
32	20	(Space)	Space	
33	21	!		
34	22	"		
35	23	#	#	
36	24	$		
37	25	%		
38	26	&		
39	27	'		
40	28	(		
41	29	)		
42	2A	*		
43	2B	+		
44	2C	,		
45	2D	-		
46	2E	.		
47	2F	/		
48	30	0		
49	31	1		
50	32	2		
51	33	3		
52	34	4		
53	35	5		
54	36	6		
55	37	7		
56	38	8		
57	39	9		
58	3A	:		
59	3B	;		
60	3C	<		
61	3D	=		
62	3E	>		
63	3F	?		
64	40	@		

十进制数值	十六进制值	终端显示	ASCII 助记名	备注
65	41	A		
66	42	B		
67	43	C		
68	44	D		
69	45	E		
70	46	F		
71	47	G		
72	48	H		
73	49	I		
74	4A	J		
75	4B	K		
76	4C	L		
77	4D	M		
78	4E	N		
79	4F	O		
80	50	P		
81	51	Q		
82	52	R		
83	53	S		
84	54	T		
85	55	U		
86	56	V		
87	57	W		
88	58	X		
89	59	Y		
90	5A	Z		
91	5B	[		
92	5C	\		
93	5D	]		
94	5E	↑		
95	5F	←		
96	60	`		
97	61	a		
98	62	b		

续表

十进制数值	十六进制值	终端显示	ASCII 助记名	备注
99	63	c		
100	64	d		
101	65	e		
102	66	f		
103	67	g		
104	68	h		
105	69	i		
106	6A	j		
107	6B	k		
108	6C	l		
109	6D	m		
110	6E	n		
111	6F	o		
112	70	p		
113	71	q		
114	72	r		
115	73	s		
116	74	t		
117	75	u		
118	76	v		
119	77	w		
120	78	x		
121	79	y		
122	7A	z		
123	7B	{		
124	7C				
125	7D	}		
126	7E	~		
127	7F	DEL	DEL	Delete

附录 B　单片机 C 语言基础

对于单片机应用技术而言，一要学习系统硬件设计，二要学习编程语言。对于 MCS-51 单片机来说，其编程语言常用的有 2 种，一种是汇编语言，一种是 C 语言。汇编语言的机器代码生成效率很高但可读性却并不强，复杂一点的程序就更是难读懂，而 C 语言在大多数情况下其机器代码生成效率和汇编语言相当，但可读性和可移植性却远远超过汇编语言，而且 C 语言中还可以嵌入汇编语言来解决高时效性的代码编写问题。对于开发周期来说，中大型的软件编写用 C 语言的开发周期通常要比汇编语言小很多。综合以上 C 语言的优点，我们选择了 C 语言来学习单片机的软件设计。

1　C51 程序组成的识读

C 语言是面向过程的语言，采用了完全符号化的描述形式，用类似自然语言的形式来描述问题的求解过程，程序有清晰的层次结构。

1.1　C51 的数据结构

在用 C 语言编写单片机程序的过程中，总离不开数据的应用，所以，掌握理解数据类型是很关键的。

1.1.1　C51 的数据类型

在标准 C 语言中基本的数据类型为 char、int、short、long、float 和 double，而在 C51 编译器中 int 和 short 相同，float 和 double 相同，这里就不列出说明了。它们的具体定义如表 1 所示。

表 1　Keil C51 编译器所支持的数据类型

数据类型	长　度	值　域
unsigned char	单字节	0～255
signed char	单字节	-128～+127
unsigned int	双字节	0～65535
signed int	双字节	-32768～+32767
unsigned long	四字节	0～4294967295
signed long	四字节	-2147483648～+2147483647
float	四字节	±1.175494E-38～±3.402823E+38
*	1～3 字节	对象的地址
bit	位	0 或 1
sfr	单字节	0～255
sfr16	双字节	0～65535
sbit	位	0 或 1

1. char 字符类型

char 类型的长度是一个字节，通常用于定义处理字符数据的变量或常量。分无符号字符类型 unsigned char 和有符号字符类型 signed char，默认值为 signed char 类型。

unsigned char 类型用字节中所有的位来表示数值，可以表达的数值范围是 0～255。signed char 类型用字节中最高位表示数据的符号，"0"表示正数，"1"表示负数，负数用补码表示。char 类型所能表示的数值范围是-128～+127。unsigned char 常用于处理 ASCII 字符或用于处理小于或等于 255 的整型数。

注意：正数的补码与原码相同，负二进制数的补码等于它的绝对值按位取反后加 1。

2. int 整型

int 整型长度为两个字节，用于存放一个双字节数据。分有符号整型数 signed int 和无符号整型数 unsigned int，默认值为 signed int 类型。signed int 表示的数值范围是-32768～+32767，字节中最高位表示数据的符号，"0"表示正数，"1"表示负数。unsigned int 表示的数值范围是 0～65535。

3. long 长整型

long 长整型长度为四个字节，用于存放一个四字节数据。分有符号长整型 signed long 和无符号长整型 unsigned long，默认值为 signed long 类型。signed long 表示的数值范围是-2147483648～+2147483647，字节中最高位表示数据的符号，"0"表示正数，"1"表示负数。unsigned long 表示的数值范围是 0～4294967295。

4. float 浮点型

float 浮点型在十进制中具有 7 位有效数字，是符合 IEEE-754 标准的单精度浮点型数据，占用四个字节。

5. *指针型

指针型本身就是一个变量，这个变量中存放着指向另一个数据的地址。这个指针变量要占据一定的内存单元，对于不同的处理器其长度也不尽相同，在 C51 中它的长度一般为 1～3 个字节。

6. bit 位标量

bit 位标量是 C51 编译器的一种扩充数据类型，利用它可定义一个位标量，但不能定义位指针，也不能定义位数组。它的值是一个二进制位，不是 0 就是 1，类似一些高级语言中 boolean 类型中的 True 和 False。

7. sfr 特殊功能寄存器

sfr 也是一种扩充数据类型，占用一个内存单元，值域为 0～255。利用它可以访问 51 单片机内部的所有特殊功能寄存器。如用 sfr P1 = 0x90 这一句可定 P1 为 P1 端口在片内的寄存器。

8. sfr16 16 位特殊功能寄存器

sfr16 占用两个内存单元，值域为 0～65535。sfr16 和 sfr 一样用于操作特殊功能寄存器，所不同的是它用于操作占两个字节的寄存器，如定时器 T0 和 T1。

9. sbit 可位寻址位

sbit 同"位"，是 C51 中的一种扩充数据类型，利用它可以访问芯片内部的 RAM 中的可寻址位或特殊功能寄存器中的可寻址位。比如：

```
sfr P1 = 0x90;        //因 P1 端口的寄存器是可位寻址的，所以我们可以定义
```

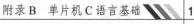

　　　　sbit P1_1 = P1 ^ 1;　// P1_1 为 P1 中的 P1.1 引脚

同样，用 sbit P1_1 = 0x91 可以定义 P1.1 的地址。

1.1.2　C51 中的标识符和关键字

　　标识符是用来标识源程序中某个对象的名字的，这些对象可以是语句、数据类型、函数、变量、数组等。C 语言是对大小写敏感的一种高级语言，假如我们要对单片机的定时器 1 进行定义，可写为"Timer1"，此时，该程序中也有"TIMER1"，那么这两个是完全不同定义的标识符。

　　标识符由字符串、数字和下划线等组成，要注意的是第一个字符必须是字母或下划线，如"1Timer"是错误的，编译时便会有错误提示。有些编译系统专用的标识符是以下划线开头，所以一般不要以下划线开头命名标识符。标识符在命名时应当简单，含义清晰，这样有助于阅读、理解程序。C51 编译器只支持标识符的前 32 位为有效标识。

　　关键字则是编程语言保留的特殊标识符，其具有固定名称和含义。在程序编写中不允许标识符与关键字相同。

　　Keil μVision2 中除了有符合 ANSI C 标准的 32 个关键字外，还根据 51 单片机的特点扩展了相关的关键字。其实在 Keil μVision2 的文本编辑器中编写 C 语言程序，系统可以把保留字以不同颜色显示，默认颜色为天蓝色。标准的和扩展的关键字如表 2 所示。

表 2　Keil μVision2 中标准的和扩展的关键字

关键字	用　途	说　明
auto	存储种类说明	用以说明局部变量，缺省值为此
break	程序语句	退出最内层循环
case	程序语句	switch 语句中的选择项
char	数据类型说明	单字节整型数或字符型数据
const	存储类型说明	在程序执行过程中不可更改的常量值
continue	程序语句	转向下一次循环
default	程序语句	switch 语句中的失败选择项
do	程序语句	构成 do...while 循环结构
double	数据类型说明	双精度浮点数
else	程序语句	构成 if...else 选择结构
enum	数据类型说明	枚举
extern	存储种类说明	在其他程序模块中说明了的全局变量
float	数据类型说明	单精度浮点数
for	程序语句	构成 for 循环结构
goto	程序语句	构成 goto 转移结构
if	程序语句	构成 if...else 选择结构
int	数据类型说明	基本整型数
long	数据类型说明	长整型数

关键字	用　途	说　明
register	存储种类说明	使用 CPU 内部寄存器变量
return	程序语句	函数返回
short	数据类型说明	短整型数
signed	数据类型说明	有符号数，二进制数据的最高位为符号位
sizeof	运算符	计算表达式或数据类型的字节数
static	存储种类说明	静态变量
struct	数据类型说明	结构类型数据
switch	程序语句	构成 switch 选择结构
typedef	数据类型说明	重新进行数据类型定义
union	数据类型说明	联合类型数据
unsigned	数据类型说明	无符号数数据
void	数据类型说明	无类型数据
volatile	数据类型说明	该变量在程序执行中可被隐含地改变
while	程序语句	构成 while 和 do while 循环语句

1.2　C51 中的常量和变量

1.2.1　C51 中的常量

所谓常量是指在程序运行过程中不能改变的量。常量的数据类型分为整型、浮点型、字符型、字符串型和位标量。

1．整型常量

整型常量可以用十进制表示，如 456、0、-78 等，也可以用十六进制表示，不过要以 0x 开头，如 0x45、-0x4C 等。长整型就在数字后面加字母 L，如 208L、034L、0xF340 等。

2．浮点型常量

浮点型常量可分为十进制形式和指数表示形式。十进制形式由数字和小数点组成，如 0.888、3345.345、0.0 等，整数或小数部分为 0 时，可以省略 0 但必须有小数点。指数表示形式为"[±]数字[.数字]e[±]数字"，[ ]中的内容为可选项，其中内容根据具体情况可有可无，但其余部分必须有，如 125e3、7e9、-3.0e-3。

3．字符型常量

字符型常量是单引号内的字符，如'a', 'd'等，对于不可以显示的控制字符，可以在该字符前面加一个反斜杠"\"组成专用转义字符。

4．字符串型常量

由双引号内的字符组成，如"test"，"OK"等。当引号内没有字符时，为空字符串。在使用特殊字符时同样要使用转义字符，如双引号。在 C 语言中字符串常量是作为字符类型数组来处理的，在存储字符串时系统会在字符串尾部加上"\0"转义字符作为该字符串的结束符。

5. 位标量

位标量的值是一个二进制数。

常量可用在不必改变值的场合，如固定的数据表、字库等。常量的定义方式有以下几种：

#difine False 0x0;　//用预定义语句可以定义常量

#difine True 0x1;　/*这里定义 False 为 0，True 为 1，即在程序中用到 False，编译时自动用 0 替换，True 用 1 替换*/

unsigned int code a=100;　//这一句用 code 把 a 定义在程序存储器中并赋值

const unsigned int c=100;　//用 const 定义 c 为无符号 int 常量并赋值

以上两句它们的值都保存在程序存储器中，而程序存储器在运行中是不允许被修改的，所以如果在这两句后面用了类似 a=110、a++这样的赋值语句，编译时将会出错。

1.2.2　C51 中的变量

所谓变量，就是一种在程序执行过程中其值能不断变化的量。要在程序中使用变量必须先用标识符作为变量名，并指出所用的数据类型和存储模式，这样编译系统才能为变量分配相应的存储空间。定义一个变量的格式如下：

[存储种类]　数据类型　[存储器类型]　变量名表

在定义格式中除了数据类型和变量名表是必要的，其他都是可选项。存储种类有四种：自动（auto）、外部（extern）、静态（static）和寄存器（register），缺省类型为自动（auto）。

说明了一个变量的数据类型后，还可选择说明该变量的存储器类型。存储器类型的说明就是指定该变量在 C51 硬件系统中所使用的存储区域，并在编译时准确地定位。表 3 中是 Keil μVision2 所能识别的存储器类型。需要注意的是在 AT89S51 芯片中 RAM 只有低 128 位，位于 80H 到 FFH 的高 128 位则在 52 芯片中才有用，并和特殊寄存器地址重叠。

表 3　Keil μVision2 所能识别的存储器类型

存储器类型		说　明
片内数据存储器	data	直接访问内部数据存储器（128 字节），访问速度最快
	bdata	可位寻址内部数据存储器，位于片内 RAM 的可寻址区（20H～2FH）
	idata	间接访问内部数据存储器（256 字节），允许访问全部内部地址
片外数据存储器	pdata	分页访问外部数据存储器（256 字节）
	xdata	访问外部数据存储器 64KB
程序存储器	code	程序存储器 64KB

如果省略存储器类型，系统则会按编译模式 SMALL、COMPACT 或 LARGE 所规定的默认存储器类型去指定变量的存储区域。

无论什么存储模式都可以声明变量在任何的 80C51 存储区范围，把最常用的命令（如循环计数器、队列索引）放在内部数据区可以显著地提高系统性能。需要指出的就是：变量的存储种类与存储器类型是完全无关的。

SMALL 存储模式把所有函数变量和局部数据段放在 80C51 系统的内部数据存储区，这使访问数据非常快，但 SMALL 存储模式的地址空间受限。在写小型的应用程序时，变量和数据放在 data 内部数据存储器中是很好的，因为访问速度快，但在较大的应用程序中 data 区最好只存放小的变量、数据或常用的变量（如循环计数、数据索引），而大的数据则放置在别的存储区域。

COMPACT 存储模式中所有的函数和程序变量、局部数据段都定位在 80C51 系统的外部数据存储区。外部数据存储区最多可有 256 字节（一页）。

LARGE 存储模式中所有函数和过程的变量和局部数据段都定位在 80C51 系统的外部数据区。外部数据区最多可有 64KB，这要用数据指针访问数据。

1. 数组变量

所谓数组就是指具有相同数据类型的变量集，这些变量拥有共同的名字。数组中的每个特定元素都使用下标来访问。数组由一段连续的存储地址构成，最低的地址对应于第一个数组元素，最高的地址对应最后一个数组元素。数组可以是一维的，也可以是多维的。

（1）一维数组

一维数组的说明格式是：

类型 变量名[长度];

类型是指数据类型，即每一个数组元素的数据类型，包括整型、浮点型、字符型、指针型以及结构和联合。例如：

int a[16];
unsigned long a[20];
char *s[5];
char *f[];

说明：

① 数组都是以 0 作为第一个元素的下标，因此，当说明一个 int a[16]的整型数组时，表明该数组有 16 个元素，即 a[0] ~ a[15]，一个元素为一个整型变量。

② 大多数字符串用一维数组表示。数组元素的多少表示字符串长度，数组名表示字符串中第一个字符的地址。假如在语句 char str[8]的数组中存入字符串"hello"，则 str[0]存放的是字母 "h" 的 ASCII 码值，依此类推，str[4]存入的是字母 "o" 的 ASCII 码值，str[5]则应存放字符串终止符 "\0"。

③ C 语言对数组不做边界检查。例如用下面语句说明两个数组。

char str1[4], str2[5];

当赋给 str1 一个字符串"welcome"时，只有"welc"被赋给 str1，"o" 将会自动地赋给 str2，这点应特别注意。

（2）多维数组

多维数组的一般说明格式是：

类型 数组名[第 n 维长度][第 n-1 维长度]......[第 1 维长度];

例如：

int m[3][2]; /*定义一个整型的二维数组*/
char c[2][2][3]; /*定义一个字符型的三维数组*/

数组 m[3][2]共有 3*2=6 个元素，顺序为：

m[0][0], m[0][1], m[1][0], m[1][1], m[2][0], m[2][1];

数组 c[2][2][3]共有 2*2*3=12 个元素，顺序为：

    c[0][0][0], c[0][0][1], c[0][0][2],

    c[0][1][0], c[0][1][1], c[0][1][2],

    c[1][0][0], c[1][0][1], c[1][0][2],

    c[1][1][0], c[1][1][1], c[1][1][2],

数组占用的内存空间（即字节数）的计算式为：

    字节数=第 1 维长度 * 第 2 维长度*...*第 n 维长度*该数组数据类型占用的字节数

2.　变量的初始化

变量的初始化是指变量在声明的同时被赋予一个初值。C 语言中外部变量和静态全局变量在程序开始处被初始化，局部变量（包括静态局部变量）是在进入定义它们的函数或复合语句时才初始化。所有全程变量在没有明确的初始化时将被自动清零，而局部变量和寄存器变量在未赋值前其值是不确定的。

对于外部变量和静态变量，初值必须是常数表达式，而自动变量和寄存器变量可以是任意的表达式，这个表达式可以包括常数和前面说明过的变量和函数。

（1）单个变量的初始化

例如：

```
float f0, f1=0.2;    /*定义全局变量，在初始化时 f0 被清零，f1 被赋 0.2*/
main( )
{
static int i=10, j;    /*定义静态局部变量，初始化时 i 被赋 10，j 不确定*/
int k=i*5;            /*定义局部变量，初始化时 k 被赋 10*5=50*/
char c='y';            /*定义字符型指针变量并初始化*/
…}
```

（2）数组变量的初始化

例如：

```
main( )
{
int p[2][3]={{2, -9, 0}, {8, 2, -5}};              /*定义数组 p 并初始化*/
int m[2][4]={{27, -5, 19, 3}, {1, 8, -14, -2}};   /*定义数组 m 并初始化*/
char *f[]={'A', 'B', 'C'};                          /*定义数组 f 并初始化*/
…}
```

从上例可以看出，数组进行初始化有下述规则：

数组的每一行初始化赋值用"{}"并用","分开，总的再加一对"{}"括起来，最后以";"表示结束。

多维数组存储是连续的，因此可以用一维数组初始化的办法来初始化多维数组。

例如：

    int x[2][3]={1, 2, 3, 4, 5, 6};　/*用一维数组来初始化二维数组*/

对数组初始化时，如果初值表中的数据个数比数组元素少，则不足的数组元素用 0 来填补。

对指针型变量数组可以不规定维数，在初始化赋值时，数组维数从 0 开始被连续赋值。

例如：

char*f[ ]={'a', 'b', 'c'}; 初始化时给 3 个字符指针赋值，即*f[0]='a'，*f[1]='b'，*f[2]='c'。

（3）指针型变量的初始化

例如：

```
main( )
{
int *i=7899;   /*定义整型指针变量并初始化*/
float *f=3.1415926;   /*定义浮点型指针变量并初始化*/
char *s="Good";   /*定义字符型指针变量并初始化*/
…}
```

3. 变量的赋值

变量赋值是给已说明的变量赋予一个特定值。

（1）单个变量的赋值

① 整型变量和浮点变量

赋值格式：

变量名=表达式;

例如：

```
main()
{
int a, m;            /*定义局部整型变量 a、m*/
float n;            /*定义局部浮点变量 n*/
a=100, m=20;       /*给变量赋值*/
n=a * m * 0.1;
…}
```

说明：

Turbo C 2.0 中允许给多个变量赋同一值时可用连等的方式。

例如：

```
main()
{
int a, b, c;
a=b=c=0; /*同时给 a、b、c 赋值*/
…}
```

② 字符型变量

字符型变量可以用三种方法赋值。

例如：

```
main()
{
char a0, a1, a2;          /*定义局部字符型变量 a0、a1、a2*/
a0='b';               /*将字母 b 赋给 a0*/
a1=50;               /*将数字 50 赋给 a1*/
a2='\x0d';               /*将回车符赋给 a2*/
…}
```

③ 指针型变量

例如：

```
main()
{
int *i;
char *str;
*i=100;
str="Good";
…}
```

*i 表示 i 是一个指向整型数的指针，即*i 是一个整型变量，i 是一个指向该整型变量的地址。

*str 表示 str 是一个字符型指针，即保存某个字符地址。在初始化时，str 没有什么特殊的值，而在执行 str="Good"时，编译器先在目标文件的某处保留一个空间存放"Good\0"字符串，然后把这个字符串的第一个字母"G"的地址赋给 str，其中字符串结束符"\0"是编译程序自动加上的。

对于指针变量的使用要特别注意。上例中两个指针在说明前没有初始化，因此这两个指针为随机地址，在小存储模式下使用将会有破坏机器的危险。正确的使用方法如下：

例如：

```
main()
{
int *i;
char *str;
i=(int*)malloc(sizeof(int));
i=420;
str=(char*)malloc(20);
str="Good, Answer!";
…}
```

上例中，函数(int*)malloc(sizeof(int))表示分配连续的 sizeof(int)=2 个字节的整型数存储空间并返回其首地址。同样(char*)malloc(20)表示分配连续 20 个字节的字符存储空间并返回首地址（有关该函数以后再详述）。由动态内存分配函数 malloc()分配了内存空间后，这部分内存将专供指针变量使用。

如果要使 i 指向三个整型数，则用下述方法。

例如：

```
#include<alloc.h>
main( )
{
int *a;
a=(int*)malloc(3*sizeof(int));
*a=1234;
*(a+1)=4567;
*(a+2)=234;
…}
```

a=1234 表示把 1234 存放到 a 指向的地址中去，但对于(a+1)=4567，如果认为将 4567 存放到 a 指向的下一个字节中就错了。

Turbo C 2.0 中只要说明 i 为整型指针，则(i+1)等价于 i+1*sizeof(int)，同样(i+2)等价于 i+2*sizeof(int) 。

（2）数组变量的赋值

① 整型数组和浮点数组的赋值

例如：

```
main()
{
int m[2][2];
float n[3];
m[0][0]=0, m[0][1]=17, m[1][0]=21;/*数组元素赋值*/
n[0]=1011.5, n[1]=-11.29, n[2]=0.7;
…}
```

② 字符串数组的赋值

例如：

```
main()
{
char s[30];
strcpy(s, "Good News!"); /*给数组赋字符串*/
…}
```

注意：

字符串数组不能用 "=" 直接赋值，即 s="Good News!"是不合法的。所以应分清字符串数组和字符串指针的不同赋值方法。

（3）指针数组赋值

例如：

```
main()
{
char *f[2];
int *a[2];
f[0]="thank you";          /*给字符型数组指针变量赋值*/
f[1]="Good Morning";
*a[0]=1, *a[1]=-11;        /*给整型数组指针变量赋值*/
…}
```

1.3 C51 中的函数

函数是指程序中的一个模块，C 语言程序就是由一个个模块化的函数所构成的，main()函数为程序的主函数，其他若干个函数可以理解为一些子程序。C51 的程序结构与标准 C 语言相同。总的来说，一个 C51 程序就是一堆函数的集合，在这个集合当中，有且只有一个名为 main 的函数（主函数）。如果把一个 C51 程序比作一本书，那么主函数就相当于书的目录部分，

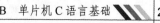

其他函数就是章节，主函数中的所有语句执行完毕，则总的程序执行结束。

C51 函数定义的一般格式如下：

    类型　函数名（参数表）

    参数说明；

    {

       数据说明部分；

       执行语句部分；

    }

  一个函数在程序中可以有三种形态：函数定义、函数调用和函数说明。函数定义和函数调用不分先后，但若调用在定义之前，那么在调用前必须先进行函数说明。函数说明是一个没有函数体的函数定义，而函数调用则要求有函数名和实参表。

  C51 中函数分为两大类，一类是库函数，一类是用户定义函数，这与标准 C 语言是一样的。库函数是 C51 在库文件中已定义的函数，其函数说明在相关的头文件中。对于这类函数，用户在编程时只要用 include 预处理指令将头文件包含在用户文件中，直接调用即可。用户函数是用户自己定义和调用的一类函数。

  C51 的结构特点如下：

  （1）C51 程序是由函数构成的。函数是 C51 程序的基本单位。

  （2）一个函数由两部分组成：

  ①函数说明部分：包括函数名、函数类型、函数属性、函数参数（形参）名、形式参数类型。一个函数名后面必须跟一个圆括号，函数参数可以没有，如 main( )。

  ②函数体：即函数说明下面的大括号之内的部分。

  （3）一个 C51 程序总是从 main 函数开始执行，而不论 main 函数在整个程序中所处的位置如何。

  （4）C51 程序书写格式自由，一行内可以写几个语句，一个语句也可以分写在几行上。

  （5）每个语句和数据定义（记住不是函数定义）的最后必须有一个分号 ";"。分号是 C51 语句的必要组成部分。分号不可少，即使是程序中的最后一个语句也应包含分号。

  （6）C51 本身没有输入输出语句。标准的输入和输出（通过串行口）是由 scanf 和 printf 等库函数来完成的。对于用户定义的输出，比如直接以输出端口读取键盘输入且驱动 LED，则需要自行编制输出函数。

  （7）可以用/*……*/对 C51 程序中的任何部分作注释。在 Keil μVision 2 中，还可以使用//进行单行注释。

  例程：

```
/* 这是一个 C51 程序的例子 */
# include <reg51.h>        //使用 include 预处理伪指令将所需库函数包含进来
unsigned int rate;          //变量定义
unsigned int fetch_rate(void);      //函数说明
main()
 {
    char loam;
    do
```

```
        {
          rate = fetch_rate();        //函数调用
        }
    while(1);
    }
  unsigned int fetch_rate(void);      //函数定义
    {
     unsigned int loam;
     loam = loam++;
     return loam;
    }
```

2　运算符和表达式的识读

运算符就是完成某种特定运算的符号。运算符按表达式中运算对象与运算符的关系可分为单目运算符、双目运算符和三目运算符。单目就是指需要有一个运算对象，双目就要求有两个运算对象，三目则要有三个运算对象。

表达式是由运算符及运算对象所组成的具有特定含义的式子。C语言是一种表达式语言，表达式后面加";"号就构成了一个表达式语句。

2.1　赋值运算符

C语言中用"="这个符号来表示赋值运算符，就是将数据赋给变量，如 x=10；由此可见，利用赋值运算符将一个变量与一个表达式连接起来的式子为赋值表达式，在表达式后面加";"便构成了赋值语句。使用"="的赋值语句格式如下：

　　　　变量=表达式；

示例如下

```
        a = 0xFF；       //将常数十六进制数 FF 赋予变量 a
        b = c = 33；     //同时赋值给变量 b、c
        d = e；          //将变量 e 的值赋予变量 d
        f = a+b；        //将变量 a+b 的值赋予变量 f
```

赋值语句的意义就是先计算出"="右边的表达式的值，然后将得到的值赋给左边的变量。而且右边的表达式可以是一个赋值表达式。

一些同学往往将"＝＝"与"="这两个符号混淆，问为何编译报错，往往就是错在 if (a=x) 之类的语句中，错将"="用为"＝＝"。"＝＝"符号是用来进行相等关系运算的。

2.2　算术、增减量运算符

对于 a+b，a/b 这样的表达式大家都很熟悉，用在 C 语言中+、/就是算术运算符。C51 中的算术、增减量运算符如表4所示，其中只有取正值和取负值和、自增、自减运算符是单目运算符。

表 4　算术/增减量运算符

操作符	作用说明	操作符	作用说明
+	加或取正值运算符	%	取余运算符
-	减或取负值运算符	--	减 1
*	乘运算符	++	加 1
/	除运算符		

算术表达式的形式：

　　　　表达式 1　算术运算符　表达式 2

如：a+b*(10-a)，(x+9) / (y-a)。

除法运算符和一般的算术运算规则有所不同，如是两浮点数相除，其结果为浮点数，如 11.0/20.0 所得值为 0.5，而两个整数相除时，所得值就是整数，如 7/3，值为 2。像别的语言一样，C 语言的运算符也有优先级和结合性，同样可用括号"()"来改变优先级。

2.3　关系运算符

关系运算符反映的是两个表达式之间的大小等于关系，在 C 语言中有 6 种关系运算符：

　　　　＞　大于
　　　　＜　小于
　　　　＞＝　大于等于
　　　　＜＝　小于等于
　　　　＝＝　等于
　　　　！＝　不等于

这里的运算符有着优先级别。前四个具有相同的优先级，后两个也具有相同的优先级，但是前四个的优先级要高于后两个。

当两个表达式用关系运算符连接起来时，就变成了关系表达式。关系表达式通常是用来判别某个条件是否满足。要注意的是关系运算符的运算结果只有 0 和 1 两种，也就是逻辑的真与假，当指定的条件满足时结果为 1，不满足时结果为 0。

　　　　表达式 1　关系运算符　表达式 2

如：I＜J，I＝＝J，(I＝4)＞(J＝3)，J+I＞J。

2.4　逻辑运算符

逻辑运算符是用于求条件式的逻辑值。用逻辑运算符将关系表达式或逻辑量连接起来就是逻辑表达式了。逻辑表达式的一般形式为：

　　　　逻辑与：条件式 1 && 条件式 2
　　　　逻辑或：条件式 1 || 条件式 2
　　　　逻辑非：!条件式 2

逻辑与就是当条件式 1 与条件式 2 都为真时，结果为真（非 0 值），否则为假（0 值）。也就是说运算会先对条件式 1 进行判断，如果为真（非 0 值），则继续对条件式 2 进行判断，当结果为真时，逻辑运算的结果为真（值为 1），如果结果不为真，则逻辑运算的结果为假（0

值）。如果在判断条件式 1 时其就不为真，就不用再判断条件式 2 了，而直接给出运算结果为假。逻辑关系如表 5 所示。

逻辑或是指只要两个运算条件中有一个为真时，运算结果就为真，只有当条件式都不为真时，逻辑运算结果才为假。逻辑关系如表 5 所示。

逻辑非则是把逻辑运算结果值取反，也就是说如果条件式运算值为真，进行逻辑非运算后则结果变为假，条件式运算值为假时则最后逻辑结果为真。逻辑关系如表 5 所示。

表 5　逻辑运算符

条件式		逻辑与	逻辑或	逻辑非
条件式 1	条件式 2	条件式 1 && 条件式 2	条件式 1 ‖ 条件式 2	！条件式 2
0	0	0	0	1
0	1	0	1	0
1	0	0	1	1
1	1	1	1	0

同样逻辑运算符也有优先级别，！（逻辑非）→&&（逻辑与）→‖（逻辑或），逻辑非的优先级最高。

2.5　位运算符

位运算符的作用是按位对变量进行运算，但是并不改变参与运算的变量的值。如果要求按位改变变量的值，则要利用相应的赋值运算。还有就是位运算符不能用来对浮点型数据进行操作。C51 中共有 6 种位运算符，分别如下：

～　　按位取反
<<　　左移
>>　　右移
&　　按位与
^　　按位异或
|　　按位或

位运算一般的表达形式：

变量 1 位运算符　变量 2

位运算符也有优先级，从高到低依次是："～"（按位取反）→"<<"（左移）→">>"（右移）→"&"（按位与）→"^"（按位异或）→"|"（按位或）。

设 X 为变量 1，Y 为变量 2，则各种位运算的结果如表 6 所示。

表 6　位运算符的真值表

变量 1	变量 2	按位取反	按位取反	按位与	按位或	按位异或
X	Y	～X	～Y	X&Y	X|Y	X^Y
0	0	1	1	0	0	0
0	1	1	0	0	1	1
1	0	0	1	0	1	1
1	1	0	0	1	1	0

2.6　复合赋值运算符

复合赋值运算符就是在赋值运算符 "=" 的前面加上其他运算符。C 语言中的复合赋值运算符如下：

+=	加法赋值	>> =	右移位赋值
-=	减法赋值	& =	逻辑与赋值
*=	乘法赋值	| =	逻辑或赋值
/=	除法赋值	^ =	逻辑异或赋值
%=	取模赋值	! =	逻辑非赋值
<<=	左移位赋值		

复合运算的一般形式为：

变量　复合赋值运算符　表达式

复合运算含义就是变量与表达式先进行运算符所要求的运算，再把运算结果赋值给参与运算的变量。其实这是 C 语言中一种简化程序的方法，凡是二目运算都可以用复合赋值运算符去简化表达。例如：

a+=56　等价于　a = a+56

y/=x+9 等价于　y = y / (x+9)

很明显采用复合赋值运算符会降低程序的可读性，但这样却可以使程序代码简单化，并能提高编译的效率。对于初学者在编程时最好还是根据自己的理解力和习惯去使用程序表达的方式，不要一味追求程序代码的短小。

2.7　逗号运算符

在 C 语言中，如语句 "int a,b,c" 中逗号用于分隔表达式。但在 C51 语言中，逗号还是一种特殊的运算符，也就是逗号运算符，可以用它将两个或多个表达式连接起来，形成逗号表达式。逗号表达式的一般形式为：

表达式 1，表达式 2，表达式 3……表达式 n

用逗号运算符组成的表达式在程序运行时，是从左到右计算出各个表达式的值，而整个用逗号运算符组成的表达式的值等于最右边表达式的值，就是 "表达式 n" 的值。在实际的应用中，大部分情况下，使用逗号表达式的目的只是为了分别得到各个表达式的值，而并不一定要得到和使用整个逗号表达式的值。

需要注意的是：并不是在程序的任何位置出现的逗号，都可以认为是逗号运算符。如函数中的参数，同类型变量的定义中的逗号只是作间隔之用而不是用作逗号运算符。

2.8　条件运算符

条件运算符 "? :" 是 C51 中唯一的一个三目运算符，它要求有三个运算对象。用它可以把三个表达式连接构成一个条件表达式。

条件表达式的一般形式如下：

　　　逻辑表达式?　表达式 1：表达式 2

　　条件运算符的作用是根据逻辑表达式的值选择使用表达式的值。当逻辑表达式的值为真时（非 0 值）时，整个表达式的值为表达式 1 的值；当逻辑表达式的值为假（值为 0）时，整个表达式的值为表达式 2 的值。

　　需要注意的是：条件表达式中逻辑表达式的类型可以与表达式 1 和表达式 2 的类型不一样。下面是一个逻辑表达式的例子。

　　如有 a=1，b=2，这时我们要求取 a、b 两数中较小的值放入 min 变量中，也许你会这样写：

　　　if (a<b)

　　min = a;

　　else

　　min = b; //这一段的意思是当 a<b 时 min 的值为 a 的值，否则为 b 的值

　　用条件运算符去构成条件表达式就变得简单明了了：

　　　min = (a<b)　? a : b

　　很明显它的结果和含意都和上面的一段程序是一样的，但是代码却比上一段程序少很多，编译的效率也相对要高，但它有着和复合赋值表达式一样的缺点，就是可读性相对较差。

2.9　指针和地址运算符

　　指针是 C 语言中一个十分重要的概念，C51 中专门规定了一种指针类型的数据。变量的指针就是该变量的地址，也可以说是一个指向某个变量的指针变量。C51 中提供了两个专门用于指针和地址的运算符：*　（取内容）和 &（取地址）

　　取内容和取地址运算符的一般形式分别为：

　　　变量= * 指针变量

　　　指针变量= &目标变量

　　取内容运算是将指针变量所指向的目标变量的值赋给左边的变量；取地址运算是将目标变量的地址赋给左边的变量。

　　需要注意的是：指针变量中只能存放地址（也就是指针型数据），一般情况下不要将非指针类型的数据赋值给一个指针变量。

2.10　sizeof 运算符

　　sizeof 是用来求数据类型、变量或是表达式的字节数的一个运算符，但它并不像"＝"之类运算符那样在程序执行后才能计算出结果，它是直接在编译时产生结果的。它的语法如下：

　　　sizeof（数据类型）

　　　sizeof（表达式）

　　下面是两个应用例句，大家可以试着编写一下程序。

　　　printf("char 是多少个字节? %bd　字节\n",sizeof(char));

　　　printf("long 是多少个字节? %bd　字节\n",sizeof(long));

　　结果是：

char 是多少个字节? 1 字节

long 是多少个字节? 4 字节

2.11　强制类型转换运算符

在 C51 程序中进行算术运算时，需要注意数据类型的转换，数据类型转换分为隐式转换和显式转换。

隐式转换是在程序进行编译时由编译器自动去处理完成的。所以有必要了解隐式转换的规则：

（1）对于变量赋值时发生的隐式转换，"＝"号右边的表达式的数据类型转换成左边变量的数据类型。

（2）所有 char 型的操作数转换成 int 型。

（3）两个具有不同数据类型的操作数用运算符连接时，隐式转换会按以下次序进行：如有一个操作数是 float 类型，则另一个操作数也会转换成 float 类型；如果一个操作数为 long 类型，另一个也转换成 long 类型；如果一个操作数是 unsigned 类型，则另一个也会被转换成 unsigned 类型。

从上面的规则可以大概知道有哪几种数据类型是可以进行隐式转换的。在 C51 中只有 char、int、long 及 float 这几种基本的数据类型可以被隐式转换。而其他的数据类型就只能用到显式转换。

3　程序结构及流程控制语句的识读

任何一种程序设计语言都具有特定的语法规则和规定的表达方法。一个程序只有严格按照语言规定的语法和表达方式编写，才能保证编写的程序在计算机中能正确地执行，同时也便于阅读和理解。C51 程序基本结构有 3 种：顺序结构、分支结构与循环结构。

（1）顺序结构

顺序结构是一种最简单的结构。其特点是：

① 执行过程是按顺序从第一条语句执行到最后一条语句。

② 在程序运行的过程中，顺序结构程序中的任何一个可执行语句都要运行一次，而且也总能运行一次。

（2）分支结构

分支结构也称为选择结构，是用于判断给定的条件，根据判断的结果来控制程序的流程。使用选择结构语句时，要用条件表达式来描述条件。

选择结构的语句有：条件语句、开关语句等。

（3）循环结构

循环结构是程序设计中的一种基本结构。当程序中出现需要反复执行的相同代码时，就要用到这种结构。循环结构既可以简化程序，又可以提高程序的效率。循环结构的语句有：for 语句、while 语句和 do-while 语句。

3.1 条件语句

条件语句的一般形式为：

```
if( 表达式 )
{
语句 1;
}
else
{
语句 2;
}
```

上述结构表示：如果表达式的值为非 0（ture），即真，则执行语句 1，执行完语句 1 从语句 2 后开始继续向下执行；如果表达式的值为 0（false），即假，则跳过语句 1 而执行语句 2，执行完语句 2 后继续向下执行。

所谓表达式是指关系表达式和逻辑表达式的结合式。

注意：

（1）条件语句中"else 语句 2;"部分是选择项，可以缺省，此时条件语句变成：

```
if(表达式)  语句 1;   //表示若表达式的值为非 0， 则执行语句 1，否则跳过语句 1 继续执行
```

（2）如果语句 1 或语句 2 有多于一条语句要执行时，必须使用"{"和"}"把这些语句包括在其中，此时条件语句形式为：

```
if(表达式)
{
语句体 1;
}
else
{
语句体 2;
}
```

（3）条件语句可以嵌套，这种情况经常碰到，但条件嵌套语句容易出错，其原因主要是不知道哪个 if 对应哪个 else。例如：

```
if (x >20 || x < -10)
if (y<=100 && y>x)
 printf("Good");
else
 printf("Bad");
```

对于上述情况规定：else 语句与最近的一个 if 语句匹配，上例中的 else 与 if(y<=100&&y>x)相匹配。为了使 else 与 if (x>20||x<-10) 相匹配，必须用花括号。如下所示：

```
if (x >20 || x < -10)
{
 if( y<=100 && y>x)
```

```
            printf("Good");
        }
        else
        printf("Bad");
```

（4）也可用阶梯式 if-else-if 结构。

阶梯式结构的一般形式为：

```
        if(表达式 1)
          语句 1;
        else if (表达式 2)
          语句 2;
        else if (表达式 3)
          语句 3;
           …
        else
          语句 n;
```

这种结构是从上到下逐个对条件进行判断，一旦发现条件满足就执行与它有关的语句，并跳过其他剩余阶梯；若没有一个条件满足，则执行最后一条语句 n。最后这个 else 常起着"缺省条件"的作用。同样，如果每一个条件中有多于一条语句要执行时，必须使用"{"和"}"把这些语句包括在其中。

3.2　开关语句

在编写程序时，经常会碰到按不同情况分转的多路问题，这时可用嵌套 if-else-if 语句来实现，但 if-else-if 语句使用不方便，并且容易出错。对于这种情况，应该使用开关语句。开关语句格式为：

```
        switch (变量)
        {
            case 常量 1：
              语句 1 或空；
            case 常量 2：
              语句 2 或空；
               …
            case 常量 n：
              语句 n 或空；
            default：
              语句 n+1 或空；
        }
```

执行 switch 开关语句时，将变量逐个与 case 后的常量进行比较，若与其中一个相等，则执行该常量下的语句，若不与任何一个常量相等，则执行 default 后面的语句。

注意：

（1）switch 中变量可以是数值，也可以是字符。

（2）可以省略一些 case 和 default。

（3）每个 case 或 default 后的语句可以是语句体，但不需要使用"{"和"}"括起来。

例：

```
main()
{
    int test;
    for(test=0; test<=10; test++)
    {
        switch(test)              /*变量为整型数的开关语句*/
        {
            case 1:
                printf("%d\n", test);
                break;             /*退出开关语句*/
            case 2:
                printf("%d\n", test);
                break;
            case 3:
                printf("%d\n", test);
                break;
            default:
                puts("Error");
                break;
        }
    }
}
```

3.3 for 循环

for 循环是开界的。它的一般形式为：

for (<初始化>；<条件表过式>；<增量>)

    语句；

初始化总是一个赋值语句，它用来给循环控制变量赋初值；条件表达式是一个关系表达式，它决定什么时候退出循环；增量定义循环控制变量每循环一次后按什么方式变化。这三个部分之间用"；"分开。

例如：

for (i=1; i<=10; i++)

    语句；

上例中先给 i 赋初值 1，判断 i 是否小于等于 10，若是则执行语句，之后 i 增加 1。再重新判断，直到条件为假，即 i>10 时，结束循环。

注意：

（1）for 循环中语句可以为语句体，但要用"{"和"}"将参加循环的语句括起来。

（2）for 循环中的"初始化""条件表达式"和"增量"都是选择项，即可以缺省，但"；"

不能缺省。省略了初始化，表示不对循环控制变量赋初值。省略了条件表达式，则不做其他处理时便成为死循环。省略了增量，则不对循环控制变量进行操作，这时可在语句体中加入修改循环控制变量的语句。

（3）for 循环可以有多层嵌套。

例如：

```
main()
    {
        int i, j, k;
        printf("i j k\n");
        for (i=0; i<2; i++)
          for(j=0; j<2; j++)
             for(k=0; k<2; k++)
                printf(%d %d %d\n", i, j, k);
    }
```

输出结果为：

```
i  j  k
0  0  0
0  0  1
0  1  0
0  1  1
1  0  0
1  0  1
1  1  0
1  1  1
```

3.4 while 循环

while 循环的一般形式为：

```
while (条件)
    语句;
```

while 循环表示当条件为真时，便执行语句。直到条件为假才结束循环，并继续执行循环程序外的后续语句。例如：

```
#include<stdio.h>
main()
{
    char c;
    c="\0";              /*初始化 c*/
    while (c!="\X0D")    /*回车结束循环*/
     c=getch();          /*带回显的从键盘接收字符*/
}
```

程序中 while 循环是以检查 c 是否为回车符开始，因其事先被初始化为空，所以条件为真，进入循环等待键盘输入字符；一旦输入回车，则 c= "\X0D"，条件为假，循环便告结束。

与 for 循环一样，while 循环总是在循环的头部检验条件，这就意味着循环可能什么也不执行就退出。

注意：

（1）while 循环体内也允许空语句。例如：

```
while((c=getche())!="\X0D");
```

这个循环直到键入回车为止。

（2）可以有多层循环嵌套。

（3）语句可以是语句体，此时必须用"{"和"}"括起来。例如：

```
#include<stdio.h>
main( )
{
  char c, fname[13];
  FILE *fp;                    /*定义文件指针*/
  printf("File name:");        /*提示输入文件名*/
  scanf("%s", fname);          /*等待输入文件名*/
  fp=fopen(fname, "r");        /*打开文件只读*/
  while ((c=fgetc(fp)!=EOF)    /*读取一个字符并判断是否到文件结束*/
  putchar(c);                  /*文件未结束时显示该字符*/
}
```

3.5　do-while 循环

do-while 循环的一般格式为：

```
do
    语句；
while (条件);
```

这个循环与 while 循环的不同在于：它先执行循环中的语句，然后再判断条件是否为真，如果为真则继续循环；如果为假，则终止循环。因此，do-while 循环至少要执行一次循环语句。同样当有许多语句参加循环时，要用"{"和"}"把它们括起来。

3.6　break、continue 语句

1. break 语句

break 语句通常用在循环语句和开关语句中。当 break 用于开关语句 switch 中时，可使程序跳出 switch 语句而执行 switch 之后的语句；如果没有 break 语句，则此开关语句将成为一个死循环而无法退出。

当 break 语句用于 do-while、for、while 循环语句中时，可使程序终止循环而执行循环后面的语句，通常 break 语句总是与 if 语句联在一起，即满足条件时便跳出循环。

例：

```
main()
    {
        int i=0;
        char c;
        while(1)                        /*设置循环*/
        {
            c="\0";                     /*变量赋初值*/
            while(c!=13&&c!=27)         /*键盘接收字符直到按回车键或 Esc 键*/
            {
                c=getch();
                printf("%c\n", c);
            }
            if(c= =27)
            break;                      /*判断若按 Esc 键则退出循环*/
            i++;
            printf("The No. is %d\n", i);
        }
        printf("The end");
    }
```

注意：

（1）break 语句对 if-else 的条件语句不起作用。

（2）在多层循环中，一个 break 语句只向外跳一层。

2. continue 语句

continue 语句的作用是跳过循环体中剩余的语句而强行执行下一次循环。

continue 语句只用在 for、while、do-while 等循环体中，常与 if 条件语句一起使用，用来加速循环。例如：

```
main( )
    {
        char c;
        while(c!=0X0D)      /*不是回车符则循环*/
        {
            c=getch();
            if(c==0X1B)
            continue; /*若按 Esc 键不输出便进行下次循环*/
            printf("%c\n", c);
        }
    }
```

总之，在程序中顺序结构、分支结构和循环结构并不彼此孤立。在循环结构中可以有分支结构、顺序结构，分支结构中也可以有循环结构、顺序结构。

附录 C 单片机 C 语言技术规范

几乎没有任何一个软件，在其整个生命周期中，都由最初的开发人员来维护；而且一个产品通常由多人协同开发，如果大家都按各自的编程习惯，其可读性将会比较差，这不仅给相互间代码的理解和交流带来了障碍，而且增加了维护阶段的工作量，同时不规范的代码隐含错误的可能性也比较大。所以对于公司或团队来说，规范的编程都至关重要。

规范的编程可以改善软件的可读性，让开发人员尽快而彻底地理解新的代码，从而最大限度地提高团队开发的效率，而且长期的规范性编程还可以让开发人员养成良好的编码习惯，甚至锻炼出更加严谨的思维。本规范从可读性、可维护性和可移植性对编程做了一些规定，第 1~4 部分对于 C 语言编程的规范在一定程度上具有普遍性，为强制执行项目。第 5 部分更侧重于单片机 C 语言的编程规范，只是作为建议，可根据习惯取舍。

1. 排版

（1）在函数的开始、结构的定义、判断等语句的代码以及 case 语句下的情况处理语句，都要采用缩进风格编写，缩进的空格数为 4 个。

说明：用不同的编辑器读程序时，因 Tab 键所设置的空格数目不同，会造成程序布局不整齐，建议对齐只使用空格键，不使用 Tab 键。

示例：函数或过程的开始。

```
void InitSystem(void)
{
... // program code
}
```

示例：case 语句下的情况处理语句。

```
switch ( link_data.index )
{
case 1:
... // program code
case 2:
... // program code
dafault:
... // program code
}
```

（2）变量说明之后、相对独立的程序块之间必须加空行。

示例：规范书写。

```
int repssn_ind;
char repssn_ni;

                    /*两程序块间加空行*/

if (!valid_ni(ni))
```

```
{
... // program code
}
```

/*两程序块间加空行*/

```
repssn_ind = ssn_data[index].repssn_index;
repssn_ni = ssn_data[index].ni;
```

（3）不允许把多个短语句写在一行中，即一行只写一条语句。

示例：不符合规范。

```
Rect.length = 0; Rect.width = 0;
```

示例：规范书写。

```
Rect.length = 0;
Rect.width = 0;
```

（4）if、for、do、while、case、switch、default 等语句各自占一行，且 if、for、do、while 等语句的执行语句部分无论多少都要加括号{}。

示例：不符合规范。

```
if (pUserCR == NULL) return;
```

示例：规范书写。

```
if (pUserCR == NULL)
{
    return;
}
```

（5）有较长的表达式、语句或参数时，则要进行适当的划分，一行程序以小于 80 字符为宜，不要写得过长。

①长表达式要在低优先级操作符处划分新行，操作符放在新行之首，划分出的新行要进行适当的缩进，使排版整齐。

示例：规范书写。

```
bReportOrNotFlag = ((cTaskNo < MAX_ACT_TASK_NUMBER)
                && (N7statStatItemValid (cStatItem)
                && (acActTaskTable[cTaskNo].cResultData != 0));

if ((cTaskNo < MAX_ACT_TASK_NUMBER )
  && (N7statStatItemValid (cStatItem))
{
... // program code
}
```

②若函数中的参数较长，也要进行适当的划分。

示例：规范书写。

```
N7statStrCompare( (BYTE *) &cStatObject,
                (BYTE *) &(acAdcTaskTable[cTaskNo].cStatObject),
                Sizeof(_STAT_OBJECT) );
N7statFlashActDuration( cStatItem,
```

```
                        cFrameID * STAT_TASK_CHECK_NUMBER + index,
                        CStatobject );
```

（6）程序块的分界符"{"和"}"应各自独占一行并且位于同一列，同时与引用它们的语句左对齐。在函数体的开始、结构的定义、枚举的定义以及 if、for、do、while、case 语句中的程序都要采用如上的缩进方式。

示例：不符合规范。

```
        if (...){
        ... // program code
        }


        void ExampleFun(void)
        {
        ... // program code }
```

示例：规范书写。

```
        if (...)
        {
        ... // program code
        }


        void ExampleFun(void)
        {
        ... // program code
        }
```

（7）在两个以上的关键字、变量、常量进行对等操作时，它们之间的操作符之前、之后或者前后要加空格；进行非对等操作时，如果是关系密切的立即操作符（如"->"".""），后面不应加空格。

①逗号、分号只在后面加空格。

示例：规范书写。

```
        int a, b, c;
        for (i=0; i<10; i++)
        {
        ... // program code
        }
```

②比较操作符、赋值操作符"="“+=”、算术操作符"+"“%”、逻辑操作符"&&"“&”、位操作符"<<"“^”等双目操作符的前后加空格。

示例：规范书写。

```
        if (current_time >= MAX_TIME_VALUE)
        {
            a = b + c;
            a *= 2;
            a = b ^ 2;
        }
```

③ "!" "～" "++" "--" "&"（地址运算符）等单目操作符前后不加空格。

示例：规范书写。

    p->id = ++pid; // "->" 指针和 "++" 前后不加空格

④if、for、while、switch 等与后面的括号间加空格，使 if 等关键字更为突出、明显。

示例：规范书写。

    if (a>=b && c>d)

2. 注释

（1）一般情况下，源程序有效注释量必须在 20% 以上，注释的内容要清楚、明了，含义准确。

说明：注释的原则是有助于对程序的阅读理解，注释不宜太多也不能太少。注释语言必须准确、易懂、简洁，防止注释二义性。

①尽量避免在注释中使用缩写。

说明：在使用缩写时或之前，应对缩写进行必要的说明，错误或含义不清的注释不但无益反而有害。

②注释的语言要统一。

说明：注释应考虑程序易读，出于对维护人员的考虑，使用的语言若是中、英文兼有，建议多使用中文，除非能用非常流利准确的英文表达。

（2）边写代码边注释，修改代码的同时要修改相应的注释，以保证注释与代码的一致性，不再有用的注释要删除。

（3）在代码的功能、意图层次上进行注释，提供有用、额外的信息。

示例：以下注释意义不大。

    /* if bReceiveFlag is TRUE */

    if (bReceiveFlag)

    ... // program code

示例：注释给出了额外有用的信息。

    /* if MTP receive a message from links */

    if (bReceiveFlag)

    ... // program code

（4）注释的格式与位置应统一、整齐。

说明：注释应与其描述的代码接近，应放在其上或右方相邻位置，不可放在下面。

①注释格式尽量统一，建议使用 "/* …… */"。

②注释与所描述内容进行同样的缩排，如果注释放于代码上方则需与其上面的代码用空行隔开。

示例：不符合规范。

    void ExampleFun(void)

    {

    /* code one comments */

    Code Block One

    /* code twocomments */

    Code Block Two

```
              }
```

示例：规范书写。

```
void ExampleFun(void)
{
     /* code one comments */
     Code Block One

                                 /* 与上面的代码用空行隔开 */

     /* code two comments */
     Code Block Two

}
```

③避免在一行代码或表达式的中间插入注释。

说明： 除非必要，不应在代码或表达式中间插入注释，否则容易使代码可理解性变差。

④注释应整齐、统一，放于代码右边的注释，应左对齐。

示例：规范书写。

```
Code Block One；     /* code one comments   */
Code Block Tow；     /* code Tow comments */
Code Block Three；   /* code Three comments */
```

⑤在程序块的结束行右方加注释标记，以表明某程序块的结束。

说明： 当代码段较长，特别是多重嵌套时，这样做可以使代码更清晰，更便于阅读。

示例：规范书写。

```
if (...)
{
... // program code
     while (index < MAX_INDEX)
     {
     ... // program code
     } /* end of while (index < MAX_INDEX) */
... // program code
} /* end of if (...) */
```

（5）对于所有的定义或声明，如果其命名不能充分自注释的，都必须加以注释。

①有物理含义的变量、常量、宏的声明。

说明： 对于有物理含义的变量、常量、宏，如果其命名不能充分自注释，在声明时都必须加以注释，说明其物理含义。变量、常量、宏的注释应放在其上方相邻位置或右方。

示例：规范书写。

```
/* active statistic task number */
#define MAX_ACT_TASK_NUMBER 1000
int iActTaskSum                  /* active statistic task sum */
```

②数据结构的声明。

说明： 数组、结构、枚举等，如果其命名不能充分自注释，必须加以注释。对数据的注释应放在其上方相邻位置，结构中每个域的注释放在此域的右方，并左对齐。

示例：规范书写。

```
                    /* sccp interface with sccp user primitive message name */
                    enum SCCP_USER_PRIMITIVE
                    {
                        N_UNITDATA_IND,        /* sccp notify sccp user unit data come      */
                        N_NOTICE_IND,          /* sccp notify user the NO.7 network can not  */
                                               /* transmission this message                 */
                        N_UNITDATA_REQ,        /* sccp user's unit data transmission request */
                    };
```

（6）全局变量要有较详细的注释，包括对其功能、取值范围、存取时注意事项等的说明。
示例：规范书写。

```
    /**********************************************************************
    * Description:
    *
    *          The Error Code when SCCP translate Global Title failure        *
    * Define:                                                                 *
    *          0: Success                                                     *
    *          1: GT Table error                                             *
    *          2: GT error                                                   *
    *          others: no use                                                *
    * Notes:                                                                  *
    *          Only function SCCPTranslate() in this modual can modify it     *
    *          Other module can visit it through call the function            *
    *          GetGTTransErrorCode()                                          *
    **********************************************************************/
    BYTE g_GTTranErrorCode;
```

（7）函数头部应进行注释，列出：函数功能、参数、返回值及注意事项等。
示例：规范书写。

```
    /**********************************************************************
    * Description:                                                           *
    *          USART transmit data array                                     *
    * Arguments:                                                             *
    *          pTX: The BYTE pointer of data array for USART transmission     *
    *          TXNumber: Data array size, 1-255 is valid                     *
    * Returns:                                                               *
    *          TX_STA_SUCCESS(0): Transmit Success                           *
    *          TX_STA_BUSY(1): TX module busy                                *
    *          TX_STA_ERR(2): TX error                                       *
    *          TX_STA_EMPTY(3): TX data array is empty                       *
    *          others(4-255): no use                                         *
    * Notes:                                                                 *
    *                                                                        *
    **********************************************************************/
    TX_STATUS UsartTransmit(BYTE* pTX, BYTE TXNumber)
    {
```

```
CPU_USART_EN();
... // program code
Delay1ms();
... // program code
Return (TX_STA_SUCCESS);
}
```

（8）头文件和源文件的注释。

说明： 注释必须列出版权说明、作者、版本号、生成日期、功能描述、修改日志。如果是单片机程序还需要指定编译环境、单片机型号或产品的电路原理图。

示例：规范书写。

```
/*************************************************************************
* Copyright (C) 2008-2010, Tengen Electric co.,Ltd.                     *
* File name: current.h                                                  *
* Version: 1.0                                                          *
* Author: Cure.Manson                                                   *
* Date: 080426                                                          *
* Compiler Studio: Freescale CodeWarrior 5.1                            *
* Processor: MC68HC908JL3E                                              *
* Description:                                                          *
*              Sample current signal and calculate energy accumulation  *
*------------------------------------- History -------------------------------------*
* Version:                                                              *
* Author:                                                               *
* Date:                                                                 *
* Compiler Studio:                                                      *
* Processor:                                                            *
* Modification:                                                         *
*                                                                       *
*************************************************************************/
```

3. 标识符命名

（1）标识符的命名要清晰、明了，有明确含义；使用完整的单词或可理解的缩写；由于汉字拼音的多义性，如非必须不建议使用，更禁止使用拼音缩写。

（2）标识符的缩写规则。

说明： 缩写应可理解并保持一致性，长度通常不超过 32 个字符。如 Channel 不要有时缩写为 Chan，有时缩写为 Ch。再如 Length 不要有时缩写成 Len，有时缩写成 len。

①去掉所有的不在词头的元音字母。

    screen 缩写为 scrn

    primtive 缩写为 prmv

②使用每个单词的头一个或几个字母。

    Channel Activation 缩写为 ChanActiv

    Release Indication 缩写为 RelInd

③使用名称中有典型意义的单词。

    Count of Failure 缩写为 FailCnt

④去掉无用的单词后缀 ing、ed 等。

　　　　Paging Request 缩写为 PagReq

⑤使用标准的或惯用的缩写形式（包括单片机手册、协议文件等中出现的缩写形式）。

　　　　ADC 表示 Analog-to-Digital Converter

　　　　BSIC 表示 Base Station Identification Code

（3）变量的命名。

说明： 参照匈牙利命名法，即 [作用域前缀] + [前缀] + [基本类型] + 变量名。
在类型前面加 "const" 命名约定不变。

①作用域前缀为必选项，以小写字母表示，常用类型如下：

　　　　全局变量　　　用 "g_" 表示　　如 g_cMyVar

　　　　模块级变量　　用 "m_" 表示　　如 m_wListBox, m_uSize

　　　　静态变量　　　用 "s_" 表示　　如 s_nCount

　　　　局部变量　　　无

②前缀为可选项，以小写字母表示，常用类型如下：

　　　　指针　　　用 "p" 表示　　如 pTheWord

　　　　长指针　　用 "lp" 表示　　如 lpCmd

　　　　数组　　　用 "a" 表示　　如 aErr

③基本类型为必选项，以小写字母表示，常用类型如表 1 所示。

表 1　基本类型常用前缀

类型定义	基本类型	常用前缀	举例
BOOL	bit	b	bIsOk
INT8U	unsigned char	c	cMyChar
INT8S	signed char	s	sAverage
INT16U	unsigned short	w	wPara
INT16S	signed short	n	nNumber
INT32U	unsigned int　*注 1	dw/u	uCount
INT32S	signed int　*注 1	i	iDistance
INT64U	unsigned long　*注 2	ul	ulTime
INT64S	signed long　*注 2	l	lPara
F32/F24	float	f	fTotal
F64	double	d	dNum

*注 1：有些编译器 int 表示 16 位，可以用 w/n 作为前缀。

*注 2：有些编译器 long 表示 32 位，可以用 u/i 作为前缀。

④变量名是必选的，可多个单词（或缩写）合在一起，每个单词首字母大写。应尽可能使用长名称，详细地描述变量的含义。局部变量，可以使用短名称，甚至是单个字符。

（4）宏和常量的命名。

说明： 宏和常量的名称中，单词的字符全部大写，各单词之间用下划线隔开。

示例：规范书写。

```
#define     MAX_SLOT_NUM     8
#define     EI_ENCR_INFO        0x07
```

（5）结构和结构成员的命名。

说明： 结构名各单词的字母均大写，单词间用下划线隔开。可用或不用 typedef，但是要保持一致，不能有的结构用 typedef，有的又不用。结构成员的命名与变量相同。

示例：规范书写。

```
typedef struct LOCAL_SPC_TABLE_STRU
{
    INT8U cValid;
    INT32U uSpcCode[MAX_NET_NUM];
} LOCAL_SPC_TABLE;
```

（6）枚举和枚举成员的命名。

说明： 枚举和枚举成员名各单词都大写，单词间用下划线隔开，此外要求枚举成员名的第一个单词相同，便于多个枚举的区别。

示例：规范书写。

```
typedef enum
{
    LAPD_MDL_ASSIGN_REQ,
    LAPD_MDL_ASSIGN_IND,
    LAPD_DL_DATA_REQ,
    LAPD_DL_DATA_IND,
    LAPD_DL_UNIT_DATA_REQ,
    LAPD_DL_UNIT_DATA_IND
} LAPD_PRMV_TYPE;
```

（7）函数的命名。

说明： 函数名首字母大写，其余均小写，单词之间不用下划线，通常用"动词+名词"组成，并将模块标识符加在最前面，模块标识符通常为文件名的缩写。

函数命名常用反义词组：

Add/Delete, Add/Remove, Begin/End, Create/Destroy, Cut/Paste, Get/Put, Get/Set, Increase/Decrease, Increment/Decrement, Insert/Delete, Insert/Remove, Lock/Unlock, Open/Close, Save/Load, Send/Receive, Set/Unset, Show/Hide, Start/Finish, Start/Stop, Up/Down.

示例：规范书写。

```
Void SdwUpdateDB_Tfgd(TRACK_NAME); //模块标识符为 Sdw
Void TernImportantPoint(void); //模块标识符为 Tern
```

（8）文件命名。

说明： 文件通常包含一个模块的所有函数，文件名应小写，各单词间用空格或下划线隔开，每个.c 源文件应该有一个同名的.h 头文件。

4. 宏和预编译

（1）使用宏定义表达式时，要使用完备的括号。

示例：以下的宏定义表达式都存在一定的隐患。

```
#define     REC_AREA(a, b)          a * b
```

```
#define     REC_AREA(a, b)          (a * b)
#define     REC_AREA(a, b)          (a) * (b)
```

示例：正确的定义。

```
#define     REC_AREA(a, b)             ((a) * b)
```

（2）宏定义的多条表达式应放在大括号内。

示例：为了说明问题，for 语句书写稍不规范，下面的宏定义将不按设想的执行。

```
#define INIT_RECT_VALUE(a, b)\
    a = 0;\
    b = 0;

for (index = 0; index < RECT_TOTAL_NUM; index++)
    INIT_RECT_VALUE(rect.a, rect.b);
```

示例：正确的定义和用法

```
#define INIT_RECT_VALUE(a, b)\
    {\
        a = 0;\
        b = 0;\
    }

for (index = 0; index < RECT_TOTAL_NUM; index++)
{
    INIT_RECT_VALUE(rect.a, rect.b);
}
```

（3）使用宏时，不允许参数发生变化。

示例：错误的引用。

```
#define SQUARE((x) * (x))  ... // program code
引用定义的宏
w = SQUARE(++value);
展开该引用
w = ((++value) * (++value));
```

其中 value 被累加了两次，与设计思想不符。

示例：正确地引用宏。

```
value++;
w = SQUARE(value);
```

（4）宏定义不能隐藏重要的细节，避免有 return、break 等导致程序转向的语句。

示例：宏定义中隐藏了程序的执行流程。

```
#define FOR_ALL for (i=0; i < SIZE; i++)
引用
FOR_ALL
{
    acDt = 0;
}
```

示例：宏定义中含有跳转语句。

```
#define CLOSE_FILE\
{\
    Fclose(p_fLocal);\
    Fclose(p_fUrBan);\
    return;\
}
```

（5）在宏定义中合并预编译条件。

示例：不符合规范。

```
#ifdef EXPORT
    for (i=0; i < MAX_MSXRSM; i++)
#else
    for (i=0; i < MAX_MSRSM; i++)
#endif
```

示例：规范书写。

在头文件中

```
#ifdef EXPORT
    #define MAX_MS_RSM MAX_MSXRSM
#else
    #define MAX_MS_RSM MAX_MSRSM
#endif
```

在源文件中

```
for (i=0; i < MAX_MS_RSM; i++)
```

（6）预编译条件不应分离一条完整的语句。

示例：不符合规范。

```
        if ((cond == GLRUN)
#ifdef DEBUG
    || (cond == GLWAIT)
#endif
    )
    {
    ... // program code
    }
```

示例：规范书写。

```
#ifdef DEBUG
    if ((cond == GLRUN) || (cond == GLWAIT))
#else
    if (cond == GLWAIT)
#endif
    {
    ... // program code
    }
```

（7）包含头文件时，使用相对路径，不使用绝对路径。

示例：不符合规范。

```
#include "c:\switch\inc\def.h"
```

示例：规范书写。

```
#include "inc\def.h"
```

或

```
#include "def.h"
```

5. 结构化程序设计

（1）结构化程序设计的核心是模块化。

说明：模块的根本特征是"相对独立，功能单一"，即必须具有高度的独立性和相对较强的功能。单片机项目文件通常包括：若干模块化的源文件.c 和同名的头文件.h，目标板或对象头文件，全局头文件，自述文件及一些其他文件。

（2）源文件的设计。

说明：源文件通常包括文件注释、预编译处理、全局变量定义、函数声明、函数定义等。

①注释部分参考"2. 注释"部分中的"（8）头文件和源文件的注释"。

②预编译处理：定义了与文件同名的条件编译预处理命令，可以防止源文件引用时被多次嵌入，更主要的目的是为了在同名的头文件中定义只属于本模块的项目。

示例：规范书写。

```
#ifndef MODULE_C
    #define MODULE_C
    #include "module.h"
    ... // other code
#endif
```

③全局变量定义：尽可能将有相互联系的多个变量组成一个数据结构，并且用小写的模块文件名或缩写作为前缀，相应的类型可以在同名的头文件中定义。

④函数声明：声明模块中的所有函数，并对相应功能做简要注释。

⑤函数定义：规模尽量控制在 200 行以内，不要设计多用途面面俱到的函数，全局函数通常用首字母大写的模块文件名或缩写作为前缀。

示例：module.c 规范书写。

```
/* 注释 */
/****************************************
... // comments
****************************************/
/* 预编译处理 */
#ifndef MODULE_C
    #define MODULE_C
    #include "module.h"

/* 全局变量定义 */
volatile INT8U g_cTime;
MODULE_DATA_STRUCT g_modData; /* MODULE_DATA_STRUCT 定义在 module.h 中 */
```

```
/* 函数声明 */
void ModInit(void);                                    /* Init port and variable */
MODULE_DATA_STRUCT ModGetData(void);                   /* Get module data struct */


/* 函数定义 */
/*****************************************
... // comments
*****************************************/
void ModInit(void)
{
... // program code
}
/*****************************************
... // comments
*****************************************/
MODULE_DATA_STRUCT ModGetData(void)
{
... // program code
}
/*****************************************/
#endif
```

（3）头文件的设计。

说明： 头文件通常包括注释，预编译处理，常量、数据结构和宏定义，以及本模块中供外部调用的全局变量和全局函数的声明。

①注释部分参考"2. 注释"部分中的"（8）头文件和源文件的注释"。

②预编译处理：定义了与文件同名的条件编译预处理命令，可以防止头文件引用时被多次嵌入。通过条件编译预处理命令，还可控制只属于或不属于本模块源文件引用的定义或声明。

示例：分别为本模块源文件或外部模块定义。

```
#ifdef MODULE_C
    #define MOD_DEF /* 供本模块源文件引用 */
#else
    #define MOD_DEF_EX /* 供其他模块引用 */
#endif
```

③常量、数据结构和宏定义：通常用大写的模块文件名或缩写作为前缀。

④全局变量和全局函数声明：声明供外部模块引用的变量和函数，并做简要说明。

示例：module.h 规范书写。

```
/* 注释 */
/*****************************************
... // comments
*****************************************/
/* 预编译处理 */
#ifndef MODULE_H
```

```
#define MODULE_H
#include "global.h" /*  全局配置头文件  */

/*  常量、数据结构和宏定义  */
#define MOD_CONST 8

#define MOD_MACRO(a, b)\
{\
    ... // macro code
}

Typedef struct
{
... // member
} MODULE_DATA_STRUCT, * MODULE_DATA_STRUCT;

/*全局变量和全局函数声明  */
extern volatile INT8U g_cTime;
extern MODULE_DATA_STRUCT g_modData;

extern void ModInit(void);                              /* Init port and variable */
extern MODULE_DATA_STRUCT ModGetData(void);            /* Get module data struct */
/****************************************/
#endif
```

（4）目标板或对象头文件 target.h。

说明：通常定义芯片的引脚、电平、寄存器或地址等，使各模块能够做到与硬件无关，即一个通过测试且功能完整的模块，只要正确配置其需要的软硬件接口，便可方便地被移植到其他项目中。

①为防止对象头文件引用时被多次嵌入，需定义与文件同名的条件预编译字符。

示例：条件预编译处理。

```
#ifndef TARGET_H
    #define TARGET_H
... // other define
#endif
```

②定义软硬件接口。

说明：比如一个功能完整的I^2C读写程序，硬件接口需要定义时钟引脚I2C_CLK和数据引脚I2C_DT，软件接口需要定义用于时钟信号的周期延时Delay5us()函数。倘若别的项目引用此模块，也只需定义相应的软硬件接口，便可使用其全部的功能。

示例：使用PIC单片机的I^2C写程序。

```
/*  对象头文件 target.h 定义引脚  */
#define I2C_CLK    PC0        /* I2C 时钟线  */
```

```
#define I2C_DT      PC1          /* I2C 数据线 */
/****************************************************************************
I2C 模块源程序
****************************************************************************/
#include "target.h"
#define "global.h"
extern void Delay5us(void);                 /* 延时 5µs 在别的模块中定义 */
/* I2C 写程序 */
void I2CWrite(INT8U cAddr, INT8U cDt)
{
... // program code
    for (...)
    {
        I2C_DT = (cDt & 0x80)?(1):(0);      /* 设置数据引脚电平 */
        I2C_CLK = H;
        Delay5us();
        I2C_CLK = L;                        /* 在时钟下降沿数据线低电平有效 */
        Delay5us();
        cDt <<= 1;                          /* 移位准备发送下一位数据 */
} /* end of for (...) */
}
```

示例：使用 Freescale 单片机的 I^2C 写程序。

```
/* 对象头文件 target.h 定义引脚 */
#define I2C_CLK       PTA_PTA4       /* I2C 时钟线 */
#define I2C_DT        PTA_PTA5       /* I2C 数据线 */

/* 在另一个模块中定义 Delay5us()函数 */
void Delay5us(void)
{
... // program code
}
```

定义引脚和 Delay5us()函数后，I^2C 模块源程序不做任何修改，就可以直接被引用。

（5）全局头文件 global.h。

说明：包括预编译处理、常量定义、所有头文件。

①为防止全局头文件引用时被多次嵌入，需定义与文件同名的条件预编译字符。

②可定义一些被多个模块使用或经常需要修改的常量，可以将这些常量定义在单独的头文件 config.h 中，然后包含进全局头文件 global.h 中。

③按一定的结构，将所有头文件包含在一起可便于管理，通常先包含最低层的头文件。

示例：全局头文件 global.h。

```
#ifndef GLOBAL_H
#define GLOBAL_H
/* 配置定义 */
```

```
#define CFG_VOLTAGE     220
#define CFG_CURRENT     100
/* 包含头文件 */
#include "cpu_xxx.h"        /* 单片机模块头文件 */
#include "target.h"         /* 对象头文件 */
#include "module1.h"        /* 模块 1 头文件 */
#include "module2.h"        /* 模块 2 头文件 */
... // other .h files
#endif
```

（6）自述文件 readme.txt。

说明：自述文件通常包括项目的编译环境、线路板、主要功能和调试记录，各版本的修订信息，各模块的功能、算法细节以及相互的调用关系。

（7）其他文件。

说明：根据编译器的不同需要可配置一些文件，如芯片启动程序、链接配置文件、编译说明文件等。

参考文献

[1] 宋雪松，李冬明，崔长胜. 手把手教你学 51 单片机：C 语言版[M]. 北京：清华大学出版社，2014.

[2] 张鑫. 单片机原理及应用[M]. 3 版. 北京：电子工业出版社，2014.

[3] 杨恢先，黄辉先. 单片机原理及应用[M]. 湘潭：湘潭大学出版社，2013.

[4] 李全利. 单片机原理及应用技术：基于 C51 的 Proteus 仿真及实板案例[M]. 4 版. 北京：高等教育出版社，2014.

[5] 李朝青. 单片机原理及接口技术[M]. 3 版. 北京：北京航空航天大学出版社，2005.

[6] 穆兰，刘自然. 单片微型计算机原理及接口技术[M]. 北京：机械工业出版社，2010.